有趣的灵魂都有静气

朱光潜 著

北京联合出版公司

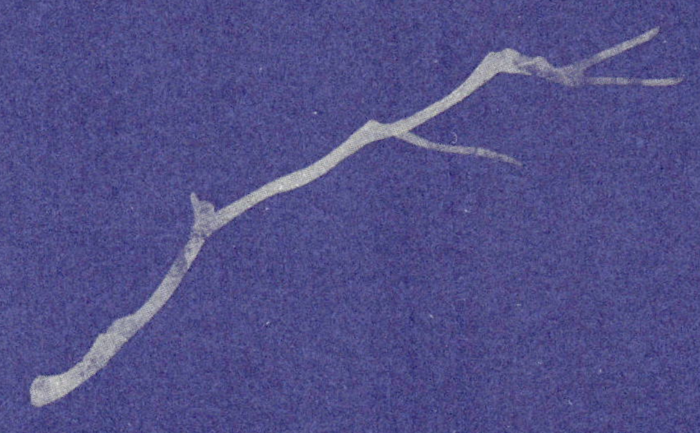

版本说明

《有趣的灵魂都有静气》将朱光潜先生《谈美》《给青年的十二封信》《谈修养》等著作中的名篇集结收录。因年代久远，朱先生的原作中有部分内容的文字使用与现代用法略有不同，为尊重朱先生的语言习惯和文字韵味，本书决定不对原作中的文字做过多修改，只在影响语义的必要位置进行修订，望读者理解。

目录

美学懿步（《谈美》节选）

贰

眠食诸希珍重（《给青年的十二封信》节选）

温和的游历（《谈修养》节选）

肆

不刻意为之的生活（《谈交友》）

壹 美学懿步

（《谈美》节选）

“一切美丽的事物都有不令人俗的功效。”

I

·

01

我们对于一棵古松的三种态度

实用的、科学的、美感的

我刚才说，一切事物都有几种看法。你说一件事物是美的或是丑的，这也只是一种看法。换一个看法，你说它是真的或是假的；再换一种看法，你说它是善的或是恶的。同是一件事物，看法有多种，所看出来的现象也就有多种。

比如园里那一棵古松，无论是你是我或是任何人一看到它，都说它是古松。但是你从正面看，我从侧面看，你以幼年人的心境去看，我以中年人的心境去看，这些情境和性格的差异都能影响到所看到的古松的面目。古松虽只是一件事物，你所看到的和我所看到的古松却是两件事。假如你和我各把所得的古松的印象画成一幅画或是写成一首诗，我们俩艺术手腕尽管不分上下，你的诗和画与我的诗和画相比较，却有许多重要的异点。这是什么缘故呢？这就由于知觉不完全是客观的，各人所见到的物的形象都带有几分主观的色彩。

假如你是一位木商，我是一位植物学家，另外一位朋友是画家，三人同时来看这棵古松。我们三人可以说同时都“知觉”到这一棵树，可是三人所“知觉”到的却是三种不同的东西。你脱离不了你的木商的心习，你所知觉到的只是一棵做某事用值几多钱的木料。我也脱离不了我的植物学家的心习，我所知觉到的只是一棵叶为针状、果为球状、四季常青的显花植物。我们的朋友——画家——什么事都不管，只管审美，他所知觉到的只是一棵苍翠劲拔的古树。我们三人的反应态度也不一致。你心里盘算它是宜于架屋或是制器，思量怎样去买它，砍它，运它。我把它归到某类某科里去，注意它和其他松树的异点，思量它何以活得这样老。我们的朋友却不这样东想西想，他只在聚精会神地观赏它的苍翠的颜色，它的盘屈如龙蛇的线纹以及它的昂然高举、不受屈挠的气概。

从此可知这棵古松并不是一件固定的东西，它的形象随观者的性格和情趣而变化。各人所见到的古松的形象都是各人自己性格和情趣的返照。古松的形象一半是天生的，一半也是人为的。极平常的知觉都带有几分创造性；极客观的东西之中都有几分主观的成分。

美也是如此。有审美的眼睛才能见到美。这棵古松对于我们画画的朋友是美的，因为他去看它时就抱了美感的态度。你和我如果也想见到它的美，你须得把你那种木商的实用的态度丢开，我须得把植物学家的科学的态度丢开，专持美感的态度去看它。

这三种态度有什么分别呢?

先说实用的态度。做人的第一件大事就是维持生活。既要生活，就要讲究如何利用环境。“环境”包含我自己以外的一切人和物在内，这些人和物有些对于我的生活有益，有些对于我的生活有害，有些对于我不关痛痒。我对于他们于是有爱恶的情感，有趋就或逃避的意志和活动。这就是实用的态度。

实用的态度起于实用的知觉，实用的知觉起于经验。小孩子初出世，第一次遇见火就伸手去抓，被它烧痛了，以后他再遇见火，便认识它是什么东西，便明了它是烧痛手指的，火对于他于是有意义。事物本来都是很混乱的，人为便利实用起见，才像被火烧过的小孩子根据经验把四围事物分类立名，说天天吃的东西叫做“饭”，天天穿的东西叫做“衣”，某种人是朋友，某种人是仇敌，于是事物才有所谓“意义”。意义大半都起于实用。在许多人看，衣除了是穿的，饭除了是吃的，女人除了是生小孩的一类意义之外，便寻不出其他意义。所谓“知觉”，就是感官接触某种人或物时心里明了他的意义。明了他的意义起初都只是明了他的实用。明了实用之后，才可以对他起反应动作，或是爱他，或是恶他，或是求他，或是拒他。木商看古松的态度便是如此。

科学的态度则不然。它纯粹是客观的，理论的。所谓客观的态度就是把自己的成见和情感完全丢开，专以“无所为而为”的精神去探求真理。理论是和实用相对的。理论本来可以见诸实用，但是科学家的直接目的却不在于实用。科学家见到一个美人，不说“我要去向她求婚，她可以替我生儿子”，只说“我看她这人很有趣味，我要来研究她的生理构造，分析她的心理组织”。科学家见到一堆粪，不说“它的气味太坏，我要掩鼻走开”，只说“这堆粪是一个病人排泄的，我要分析它的化学成分，看看有没有病菌在里面”。

科学家自然也有见到美人就求婚，见到粪就掩鼻走开的时候，但是那时候他已经由科学家还到实际人的地位了。科学的态度之中很少有情感和意志，它最重要的心理活动是抽象的思考。科学家要在这个混乱的世界中寻出事物的关系和条理，纳个物于概念，从原理演个例，分出某者为因，某者为果，某者为特征，某者为偶然性。植物学家看古松的态度便是如此。

木商由古松而想到架屋、制器、赚钱等等，植物学家由古松而想到根茎花叶、日光水分等等，他们的意识都不能停止在古松本身上面。不过把古松当作一块踏脚石，由它跳到和它有关系的种种事物上面去。所以在实用的态度中和科学的态度中，所得到的事物的意象都不是独立的、绝缘的，观者的注意力都不是专注在所观事物本身上面的。注意力的集中，意象的孤立绝缘，便是美感的态度的最大特点。

比如我们的画画的朋友看古松，他把全副精神都注在松的本身上面，古松对于他便成了一个独立自足的世界。他忘记他的妻子在家里等柴烧饭，他忘记松树在植物教科书里叫作显花植物，总而言之，古松完全占领住他的意识，古松以外的世界他都视而不见、听而不闻了。他只把古松摆在心眼面前当作一幅画去玩味。他不计较实用，所以心中没有意志和欲念；他不推求关系、条理、因果等等，所以不用抽象的思考。这种脱净了意志和抽象思考的心理活动叫做“直觉”，直觉所见到的孤立绝缘的意象叫作“形象”。美感经验就是形象的直觉，美就是事物呈现形象于直觉时的特质。

实用的态度以善为最高目的，科学的态度以真为最高目的，美感的态度以美为最高目的。在实用态度中，我们的注意力偏在事物对于人的利害，心理活动偏重意志；在科学的态度中，我们的注意力偏在事物间的互相关系，心理活动偏重抽象的思考；在美感的态度中，我们的注意力专在事物本身的形象，心理活动偏重直觉。真善美都是人所定的价值，不是事物所本有的特质。离开人的观点而言，事物都混然无别，善恶、真伪、美丑就漫无意义。真善美都含有若干主观的成分。

就“用”字的狭义说，美是最没有用处的。科学家的目的虽只在辨别真伪，他所得的结果却可效用于人类社会。美的事物如诗文、图画、雕刻、音乐等等都是寒不可以为衣，饥不可以为食的。从实用的观点看，许多艺术家都是太不切实用的人物。然则我们又何必来讲美呢？人性本来是多方的，需要也是多方的。真善美三者俱备才可以算是完全的人。

人性中本有饮食欲，渴而无所饮，饥而无所食，固然是一种缺乏；人性中本有求知欲而没有科学的活动，本有美的嗜好而没有美感的活动，也未始不是一种缺乏。真和美的需要也是人生中的一种饥渴——精神上的饥渴。疾病衰老的身体才没有口腹的饥渴。同理，你遇到一个没有精神上的饥渴的人或民族，你可以断定他的心灵已到了疾病衰老的状态。

人所以异于其他动物的就是于除饮食男女之外,还有更高尚的企求，美就是其中之一。是壶就可以贮茶，何必又求它形式、花样、颜色都要好看呢？吃饱了饭就可以睡觉，何必又呕心血去做诗、画画、奏乐呢？“生命”是与“活动”同义的，活动愈自由生命也就愈有意义。人的实用的活动全是有所为而为，是受环境需要限制的；人的美感的活动全是无所为而为，是环境不需要他活动而他自己愿意去活动的。在有所为而为的活动中，人是环境需要的奴隶；在无所为而为的活动中，人是自己心灵的主宰。

这是单就人说，就物说呢，在实用的和科学的世界中，事物都借着和其他事物发生关系而得到意义，到了孤立绝缘时就都没有意义；但是在美感世界中它却能孤立绝缘，却能在本身现出价值。照这样看，我们可以说，美是事物的最有价值的一面，美感的经验是人生中最有价值的一面。

许多轰轰烈烈的英雄和美人都过去了，许多轰轰烈烈的成功和失败也都过去了，只有艺术作品真正是不朽的。数千年前的《采采卷耳》和《孔雀东南飞》的作者还能在我们心里点燃很强烈的火焰，虽然在当时他们不过是大皇帝脚下的不知名的小百姓。秦始皇并吞六国，统一车书，曹孟德带八十万人马下江东，舳舻千里，旌旗蔽空，这些惊心动魄的成败对于你有什么意义？对于我有什么意义？但是长城和《短歌行》对于我们来说还是很亲切的，还可以使我们心领神会这些骸骨不存的精神气魄。这几段墙在，这几句诗在，他们永远对于人是亲切的。由此类推，在几千年或是几万年以后看现在纷纷扰扰的“帝国主义”、“反帝国主义”、“主席”、“代表”、“电影明星”之类对于人有什么意义？我们这个时代是否也有类似长城和《短歌行》的纪念坊留给后人，让他们觉得我们也还是很亲切的。

悠悠的过去只是一片漆黑的天空，我们所以还能认识出来这漆黑的天空者，全赖思想家和艺术家所散布的几点星光。朋友，让我们珍重这几点星光！让我们也努力散布几点星光，去照耀那和过去一般漆黑的未来！

I · 02

『当局者迷，旁观者清』

艺术与实际人生的距离

有几件事实我觉得很有趣味，不知道你有同感没有？

我的寓所后面有一条小河通向莱茵河。我在晚间常到那里散步一次，走成了习惯，总是沿东岸去，过桥沿西岸回来。

走东岸时，我觉得西岸的景物比东岸的美；走西岸时适得其反，东岸的景物又比西岸的美。对岸的草木房屋固然比这边的美，但是它们又不如河里的倒影。同是一棵树，看它的正身本极平凡，看它的倒影却带有几分另一世界的色彩。我平时又喜欢看烟雾朦胧的远树，大雪笼盖的世界和更深夜静的月景。本来是习见不以为奇的东西，让雾、雪、月盖上一层白纱，便显得很美丽。

北方人初看到西湖，平原人初看到峨嵋，虽然审美力薄弱的村夫，也惊讶它们的奇景；但生长在西湖或峨嵋的人，除了以居近名胜自豪以外，心里往往觉得西湖和峨嵋实在也不过如此。新奇的地方都比熟悉的地方美，东方人初到西方，或是西方人初到东方，都往往觉得面前景物件件值得玩味。本地人自以为不合时尚的服装和举动，在外方人看，却往往有一种美的意味。

古董癖也是很奇怪的。一个周朝的铜鼎或是一个汉朝的瓦瓶在当时也不过是盛酒盛肉的日常用具，在现在却变成很稀有的艺术品。固然有些好古董的人是贪它值钱，但是觉得古董实在可玩味的人却不少。我到外国人家去时，主人常喜欢拿一点中国东西给我看。这总不外瓷罗汉、蟒袍、渔樵耕读图之类的装饰品，我看到每每觉得羞涩，而主人却诚心诚意地夸奖它们好看。

种田人常羡慕读书人，读书人也常羡慕种田人。竹篱瓜架旁的黄粱浊酒和朱门大厦中的山珍海鲜，在旁观者所看出来的滋味都比当局者亲口尝出来的好。读陶渊明的诗，我们常觉得农人的生活真是理想的生活，可是农人自己在烈日寒风之中耕作时所尝到的况味，绝不似陶渊明所描写的那样闲逸。

人常是不满意自己的境遇而羡慕他人的境遇，所以俗话说："家花不比野花香。"人对于现在和过去的态度也有同样的分别。本来是很辛酸的遭遇到后来往往变成很甜美的回忆。我小时在乡下住，早晨看到的是那几座茅屋，几畦田，几排青山，晚上看到的也还是那几座茅屋，几畦田，几排青山，觉得它们真是单调无味，现在回忆起来，却不免有些留恋。

这些经验，你一定也注意到的。它们是什么缘故呢？

这全是观点和态度的差别。看倒影，看过去，看旁人的境遇，看稀奇的景物，都好比站在陆地上远看海雾，不受实际的切身的利害牵绊，能安闲自在地玩味目前美妙的景致。看正身，看现在，看自己的境遇，看常见的景物，都好比乘海船遇着海雾，只知它妨碍呼吸，只嫌它耽误程期，预兆危险，没有心思去玩味它的美妙。持实用的态度看事物，它们都只是实际生活的工具或障碍物，都只能引起欲念或嫌恶。要现出事物本身的美，我们一定要从实用世界跳开，以“无所为而为”的精神欣赏它们本身的形象。总而言之，美和实际人生有一个距离，要见出事物本身的美，须把它摆在适当的距离之外去看。

再就上面的实例说，树的倒影何以比正身美呢？它的正身是实用世界中的一个片段，它和人发生过许多实用的关系。人一看见它，不免想到它在实用上的意义，发生许多实际生活的联想。它是避风息凉的或是架屋烧火的东西。

在散步时，我们没有这些需要，所以就觉得它没有趣味。倒影是隔着一个世界的，是幻境的，是与实际人生无直接关联的。我们一看到它，就立刻注意到它的轮廓线纹和颜色，好比看一幅图画一样。这是形象的直觉，所以是美感的经验。总而言之，正身和实际人生没有距离，倒影和实际人生有距离，美的差别即起于此。

同理，游历新境时最容易见出事物的美。

常见的环境都已变成实用的工具。比如我久住在一个城市里面，出门看见一条街就想到朝某方向走是某家酒店，朝某方向走是某家银行；看见了一座房子就想到它是某个朋友的住宅，或是某个总长的衙门。这样的“由盘而之钟”，我的注意力就迁到旁的事物上去，不能专心致志地看这条街或是这座房子究竟像个什么样子。

在崭新的环境中，我还没有认识事物的实用的意义，事物还没有变成实用的工具，一条街还只是一条街而不是到某银行或某酒店的指路标，一座房子还只是某颜色某线形的组合而不是私家住宅或是总长衙门，所以我能看出它们本身的美。

一件本来惹人嫌恶的事情，如果你把它推远一点看，往往可以成为很美的意象。卓文君不守寡，与司马相如私奔，陪他当垆卖酒。我们现在把这段情史传为佳话。我们读李长吉的“长卿怀茂陵，绿草垂石井，弹琴看文君，春风吹鬓影”几句诗，觉得它是多么幽美的一幅画！但是在当时人看，卓文君失节却是一件秽行丑迹。袁子才尝刻一方“钱塘苏小是乡亲”的印，看他的口吻是多么自豪！但是钱塘苏小究竟是怎样的一个伟人？她原来不过是南朝的一个妓女。和这个妓女同时的人谁肯攀她做“乡亲”呢？当时的人受实际问题的牵绊，不能把这些人物的行为从极繁复的社会信仰和利害观念的圈套中划出来，当作美丽的意象来观赏。我们在时过境迁之后，不受当时的实际问题的牵绊，所以能把它们当作有趣的故事来谈。它们在当时和实际人生的距离太近，到现在则和实际人生距离较远了，好比经过一些年代的老酒，已失去它的原来的辣性，只留下纯淡的滋味。

一般人迫于实际生活的需要，都把利害认得太真，不能站在适当的距离之外去看人生世相，于是这丰富华严的世界，除了可效用于饮食男女的需求之外，便无其他意义。他们一看到瓜就想它是可以摘来吃的，一看到漂亮的女子就起性欲的冲动。他们完全是占有欲的奴隶。花长在园里何尝不可以供欣赏？他们却喜欢把它摘下来挂在自己的襟上或是插在自己的瓶里。

一个海边的农夫逢人称赞他的门前海景时，便很羞涩地回过头来指着屋后一园菜说：“门前虽没有什么可看的，屋后这一园菜却还不差。”许多人如果不知道周鼎汉瓶是很值钱的古董，我相信他们宁愿要一个不易打烂的铁锅或瓷罐，不愿要那些不能煮饭藏菜的破铜破铁。这些人都是不能在艺术品或自然美和实际人生之中维持一种适当的距离。

艺术家和审美者的本领就在能不让屋后的一园菜压倒门前的海景，不拿盛酒盛菜的标准去估定周鼎汉瓶的价值，不把一条街当作到某酒店和某银行去的指路标。他们能跳开利害的圈套，只聚精会神地观赏事物本身的形象。他们知道在美的事物和实际人生之中维持一种适当的距离。

我说“距离”时总不忘冠上“适当的”三个字，这是要注意的。“距离”可以太过，可以不及。艺术一方面要能使人从实际生活牵绊中解放出来，一方面也要使人能了解，能欣赏，“距离”不及，容易使人回到实用世界，距离太远，又容易使人无法了解欣赏。这个道理可以拿一个浅例来说明。

王渔洋的《秋柳诗》中有两句说：“相逢南雁皆愁侣，好语西乌莫夜飞。”在不知这诗的历史的人看来，这两句诗是漫无意义的，这就是说，它的距离太远，读者不能了解它，所以无法欣赏它。《秋柳诗》原来是悼明亡的，“南雁”是指国亡无所依附的故旧大臣，“西乌”是指有意屈节降清的人物。假使读这两句诗的人自己也是一个“遗老”，他对于这两句诗的情感一定比旁人较能了解。但是他不一定能取欣赏的态度，因为他容易看这两句诗而自伤身世，想到种种实际人生问题上面去，不能把注意力专注在诗的意象上面，这就是说，《秋柳诗》对于他的实际生活距离太近了，容易把他由美感的世界引回到实用的世界。

许多人喜欢从道德的观点来谈文艺，从韩昌黎的“文以载道”说起，一直到现代“革命文学”以文学为宣传的工具止，都是把艺术硬拉回到实用的世界里去。一个乡下人看戏，看见演曹操的角色扮老奸巨猾的样子惟妙惟肖，不觉义愤填胸，提刀跳上舞台，把他杀了。从道德的观点评艺术的人们都有些类似这位杀曹操的乡下佬，义气虽然是义气，无奈是不得其时，不得其地。他们不知道道德是实际人生的规范，而艺术是与实际人生有距离的。

艺术须与实际人生有距离，所以艺术与极端的写实主义不相容。写实主义的理想在妙肖人生和自然，但是艺术如果真正做到妙肖人生和自然的境界，总不免把观者引回到实际人生，使他的注意力旁迁于种种无关美感的问题，不能专心致志地欣赏形象本身的美。比如裸体女子的照片常不免容易刺激性欲，而裸体雕像如《米罗爱神》，裸体画像如法国安格尔的《汲泉女》，都只能令人肃然起敬。这是什么缘故呢？这就是因为照片太逼肖自然，容易像实物一样引起人的实用的态度；雕刻和图画都带有若干形式化和理想化，都有几分不自然，所以不易被人误认为实际人生中的一片段。

艺术上有许多地方，乍看起来，似乎不近情理。古希腊和中国旧戏的角色往往戴面具、穿高底鞋，表演时用歌唱的声调，不像平常说话。埃及雕刻对于人体加以抽象化，往往千篇一律。波斯图案画把人物的肢体加以不自然的扭曲，中世纪“哥特式”诸大教寺的雕像把人物的肢体加以不自然的延长。

中国和西方古代的画都不用远近阴影。这种艺术上的形式化往往遭浅人唾骂，它固然时有流弊，其实也含有至理。这些风格的创始者都未尝不知道它不自然，但是他们的目的正在使艺术和自然之中有一种距离。说话不押韵，不论平仄，作诗却要押韵，要论平仄，道理也是如此。艺术本来是弥补人生和自然缺陷的。如果艺术的最高目的仅在妙肖人生和自然，我们既已有人生和自然了，又何取乎艺术呢？

艺术都是主观的，都是作者情感的流露，但是它一定要经过几分客观化。艺术都要有情感，但是只有情感不一定就是艺术。许多人本来是笨伯而自信，是可能的诗人或艺术家。他们常埋怨道：“可惜我不是一个文学家，否则我的生平可以写成一部很好的小说。”富于艺术材料的生活何以不能产生艺术呢？艺术所用的情感并不是生糙的而是经过反省的。

蔡琰在丢开亲生子回国时决写不出《悲愤诗》，杜甫在“入门闻号咷，幼子饥已卒”时决写不出《自京赴奉先县咏怀五百字》。这两首诗都是“痛定思痛”的结果。艺术家在写切身的情感时，都不能同时在这种情感中过活，必定把它加以客观化，必定由站在主位的尝受者退为站在客位的观赏者。一般人不能把切身的经验放在一种距离以外去看，所以情感尽管深刻，经验尽管丰富，终不能创造艺术。

I · 03

『子非鱼，安知鱼之乐？』

宇宙的人情化

庄子与惠子游于濠梁之上。

庄子曰：“儵鱼出游从容，是鱼之乐也！”

惠子曰：“子非鱼，安知鱼之乐？”

庄子曰：“子非我，安知我不知鱼之乐？”

这是《庄子·秋水》篇里的一段故事，是你平时所喜欢玩味的。我现在借这段故事来说明美感经验中的一个极有趣味的道理。

我们通常都有“以己度人”的脾气，因为有这个脾气，对于自己以外的人和物才能了解。严格地说，各个人都只能直接地了解他自己，都只能知道自己处某种境地，有某种知觉、生某种情感。至于知道旁人旁物处某种境地、有某种知觉、生某种情感时，则是凭自己的经验推测出来的。比如我知道自己在笑时心里喜欢，在哭时心里悲痛，看到旁人笑也就以为他心里喜欢，看见旁人哭也以为他心里悲痛。我知道旁人旁物的知觉和情感如何，都是拿自己的知觉和情感来比拟的。我只知道自己，我知道旁人旁物时是把旁人旁物看成自己，或是把自己推到旁人旁物的地位。庄子看到儵鱼“出游从容”便觉得它乐，因为他自己对于“出游从容”的滋味是有经验的。

人与人，人与物，都有共同之点，所以他们都有互相感通之点。假如庄子不是鱼就无从知鱼之乐，每个人就要各成孤立世界，和其他人物都隔着一层密不通风的墙壁，人与人以及人与物之中便无心灵交通的可能了。

这种“推己及物”、“设身处地”的心理活动不尽是有意的，出于理智的，所以它往往发生幻觉。鱼没有反省的意识，是否能够像人一样“乐”，这种问题大概在庄子时代的动物心理学也还没有解决，而庄子硬拿“乐”字来形容鱼的心境，其实不过把他自己的“乐”的心境外射到鱼的身上罢了，他的话未必有科学的严谨与精确。我们知觉外物，常把自己所得的感觉外射到物的本身上去，把它误认为物所固有的属性，于是本来在我的就变成在物的了。

比如我们说“花是红的”时，是把红看作花所固有的属性，好像是以为纵使没有人去知觉它，它也还是在那里。其实花本身只有使人觉到红的可能性，至于红却是视觉的结果。红是长度为若干的光波射到眼球网膜上所生的印象。如果光波长一点或是短一点，眼球网膜的构造换一个样子，红的色觉便不会发生。

患色盲的人根本就不能辨别红色，就是眼睛健全的人在薄暮光线暗淡时也不能把红色和绿色分得清楚，从此可知严格地说，我们只能说“我觉得花是红的”。我们通常都把“我觉得”三字略去而直说“花是红的”，于是在我的感觉遂被误认为在物的属性了。

日常对于外物的知觉都可作如是观。“天气冷”其实只是“我觉得天气冷”，鱼也许和我不一致；“石头太沉重”其实只是“我觉得它太沉重”，大力士或许还嫌它太轻。

云何尝能飞？泉何尝能跃？我们却常说云飞泉跃；山何尝能鸣？谷何尝能应？我们却常说山鸣谷应。在说云飞泉跃、山鸣谷应时，我们比说花红石头重，又更进一层了。原来我们只把在我的感觉误认为在物的属性，现在我们却把无生气的东西看成有生气的东西，把它们看作我们的侪辈，觉得它们也有性格，也有情感，也能活动。这两种说话的方法虽不同，道理却是一样，都是根据自己的经验来了解外物。这种心理活动通常叫做“移情作用”。

“移情作用”是把自己的情感移到外物身上去，仿佛觉得外物也有同样的情感。这是一个极普遍的经验。自己在喜欢时，大地山河都在扬眉带笑；自己在悲伤时，风云花鸟都在叹气凝愁。惜别时蜡烛可以垂泪，兴到时青山亦觉点头。柳絮有时“轻狂”，晚峰有时“清苦”。陶渊明何以爱菊呢？因为他在傲霜残枝中见出孤臣的劲节；林和靖何以爱梅呢？因为他在暗香疏影中见出隐者的高标。

从这几个实例看，我们可以看出移情作用是和美感经验有密切关系的。移情作用不一定就是美感经验，而美感经验却常含有移情作用。美感经验中的移情作用不单是由我及物的，同时也是由物及我的；它不仅把我的性格和情感移注于物，同时也把物的姿态吸收于我。所谓美感经验，其实不过是在聚精会神之中，我的情趣和物的情趣往复回流而已。

姑先说欣赏自然美。比如我在观赏一棵古松，我的心境是什么样状态呢？我的注意力完全集中在古松本身的形象上，我的意识之中除了古松的意象之外，一无所有。在这个时候，我的实用的意志和科学的思考都完全失其作用，我没有心思去分别我是我而古松是古松。古松的形象引起清风亮节的类似联想，我心中便隐约觉到清风亮节所常伴着的情感。因为我忘记古松和我是两件事，我就于无意之中把这种清风亮节的气概移置到古松上面去，仿佛古松原来就有这种性格。同时我又不知不觉地受古松的这种性格影响，自己也振作起来，模仿它那一副苍老劲拔的姿态。所以古松俨然变成一个人，人也俨然变成一棵古松。真正的美感经验都是如此，都要达到物我同一的境界，在物我同一的境界中，移情作用最容易发生，因为我们根本就不分辨所生的情感到底是属于我还是属于物的。

再说欣赏艺术美，比如说听音乐。我们常觉得某种乐调快活，某种乐调悲伤。乐调自身本来只有高低、长短、急缓、宏纤的分别，而不能有快乐和悲伤的分别。换句话说，乐调只能有物理而不能有人情。我们何以觉得这本来只有物理的东西居然有人情呢？这也是由于移情作用。这里的移情作用是如何起来的呢？音乐的命脉在节奏。节奏就是长短、高低、急缓、宏纤相继承的关系。这些关系前后不同，听者所费的心力和所用的心的活动也不一致。因此听者心中自起一种节奏和音乐的节奏相平行。听一曲高而缓的调子，心力也随之作一种高而缓的活动；听一曲低而急的调子，心力也随之作一种低而急的活动。这种高而缓或是低而急的心力活动，常蔓延浸润到全部心境，使它变成和高而缓的活动或是低而急的活动相同调，于是听者心中遂感觉一种欢欣鼓舞或是抑郁凄恻的情调。这种情调本来属于听者，在聚精会神之中，他把这种情调外射出去，于是音乐也就有快乐和悲伤的分别了。

再比如说书法。书法在中国向来自成艺术，和图画有同等的身分，近来才有人怀疑它是否可以列于艺术，这般人大概是看到西方艺术史中向来不留位置给书法，所以觉得中国人看重书法有些离奇。其实书法可列于艺术，是无可置疑的。他可以表现性格和情趣。颜鲁公的字就像颜鲁公，赵孟頫的字就像赵孟頫。所以字也可以说是抒情的，不但是抒情的，而且是可以引起移情作用的。横直钩点等等笔画原来是墨涂的痕迹，它们不是高人雅士，原来没有什么“骨力”、“姿态”、“神韵”和“气魄”。但是在名家书法中我们常觉到“骨力”、“姿态”、“神韵”和“气魄”。我们说柳公权的字“劲拔”，赵孟頫的字“秀媚”，这都是把墨涂的痕迹看作有生气有性格的东西，都是把字在心中所引起的意象移到字的本身上面去。

移情作用往往带有无意的模仿。我在看颜鲁公的字时，仿佛对着巍峨的高峰，不知不觉地耸肩聚眉，全身的筋肉都紧张起来，模仿它的严肃；我对着赵孟頫的字时，仿佛对着临风荡漾的柳条，不知不觉地展颐摆腰，全身的筋肉都松懈起来，模仿它的秀媚。从心理学看，这本来不是奇事。凡是观念都有实现于运动的倾向。念到跳舞时脚往往不自主地跳动，念到“山”字时口舌往往不由自主地说出“山”字。

通常观念往往不能实现于动作者，由于同时有反对的观念阻止它。同时念到打球又念到泅水，则既不能打球，又不能泅水。如果心中只有一个观念，没有旁的观念和它对敌，则它常自动地现于运动。聚精会神看赛跑时，自己也往往不知不觉地弯起胳膊动起脚来，便是一个好例。在美感经验之中，注意力都是集中在一个意象上面，所以极容易起模仿的运动。

移情的现象可以称之为“宇宙的人情化”，因为有移情作用然后本来只有物理的东西可具人情，本来无生气的东西可有生气。从理智观点看，移情作用是一种错觉，是一种迷信。但是如果把它勾销，不但艺术无由产生，即宗教也无由出现。艺术和宗教都是把宇宙加以生气化和人情化，把人和物的距离以及人和神的距离都缩小。它们都带有若干神秘主义的色彩。所谓神秘主义其实并没有什么神秘，不过是在寻常事物之中见出不寻常的意义。这仍然是移情作用。从一草一木之中见出生气和人情以至于极玄奥的泛神主义，深浅程度虽有不同，道理却是一样。

美感经验既是人的情趣和物的姿态的往复回流，我们可以从这个前提中抽出两个结论来：

一、物的形象是人的情趣的返照。物的意蕴深浅和人的性分密切相关。深人所见于物者亦深，浅人所见于物者亦浅。比如一朵含露的花，在这个人看来只是一朵平常的花，在那个人看或以为它含泪凝愁，在另一个人看或以为它能象征人生和宇宙的妙谛。一朵花如此，一切事物也是如此。因我把自己的意蕴和情趣移于物，物才能呈现我所见到的形象。我们可以说，各人的世界都由各人的自我伸张而成。欣赏中都含有几分创造性。

二、人不但移情于物，还要吸收物的姿态于自我，还要不知不觉地模仿物的形象。所以美感经验的直接目的虽不在陶冶性情，而却有陶冶性情的功效。心里印着美的意象，常受美的意象浸润，自然也可以少存些浊念。苏东坡诗说："宁可食无肉，不可居无竹；无肉令人瘦，无竹令人俗。"竹不过是美的形象之一种，一切美的事物都有不令人俗的功效。

I · 04

希腊女神的雕像和血色鲜丽的英国姑娘

美感与快感

我在以上三章所说的话都是回答“美感是什么”这个问题。我们说过，美感起于形象的直觉。它有两个要素：

一、目前意象和实际人生之中有一种适当的距离。我们只观赏这种孤立绝缘的意象，一不问它和其他事物的关系如何，二不问它对于人的效用如何。思考和欲念都暂时失其作用。

二、在观赏这种意象时，我们处于聚精会神以至于物我两忘的境界，所以于无意之中以我的情趣移注于物，以物的姿态移注于我。这是一种极自由的（因为是不受实用目的牵绊的）活动，说它是欣赏也可，说它是创造也可，美就是这种活动的产品，不是天生现成的。

这是我们的立脚点。在这个立脚点上站稳，我们可以打倒许多关于美感的误解。在以下两三章里我要说明美感不是许多人所想象的那么一回事。

我们第一步先打倒享乐主义的美学。

“美”字是不要本钱的，喝一杯滋味好的酒，你称赞它“美”，看见一朵颜色很鲜明的花，你称赞它“美”，碰见一位年轻姑娘，你称赞她“美”，读一首诗或是看一座雕像，你也还是称赞它“美”。这些经验显然不尽是一致的。究竟怎样才算“美”呢？一般人虽然不知道什么叫做“美”，但是都知道什么样就是愉快。拿一幅画给一个小孩子或是未受艺术教育的人看，征求他的意见，他总是说“很好看”。如果追问他“它何以好看？”，他不外是回答说：“我喜欢看它，看了它就觉得很愉快。”通常人所谓“美”大半就是指“好看”，指“愉快”。

不仅是普通人如此，许多声名煊赫的文艺批评家也把美感和快感混为一件事。英国十九世纪有一位学者叫作罗斯金，他著过几十册书谈建筑和图画，就曾经很坦白地告诉人说：“我从来没有看见过一座希腊女神雕像，有一位血色鲜丽的英国姑娘的一半美。”从愉快的标准看，血色鲜丽的姑娘引诱力自然是比女神雕像的大；但是你觉得一位姑娘“美”和你觉得一座女神雕像“美”时是否相同呢？《红楼梦》里的刘姥姥想来不一定有什么风韵，虽然不能邀罗斯金的青眼，在艺术上却仍不失其为美。一个很漂亮的姑娘同时做许多画家的“模特儿”，可是她的画像在一百张之中不一定有一张比得上伦勃朗（荷兰人物画家）的“老太婆”。英国姑娘的“美”和希腊女神雕像的“美”显然是两件事，一个是只能引起快感的，一个是只能引起美感的。罗斯金的错误在把英国姑娘的引诱性做“美”的标准，去测量艺术作品。艺术是另一世界里的东西，对于实际人生没有引诱性，所以他以为比不上血色鲜丽的英国姑娘。

美感和快感究竟有什么分别呢？有些人见到快感不尽是美感，替它们勉强定一个分别来，却又往往不符事实。英国有一派主张“享乐主义”的美学家就是如此。他们所见到的分别彼此又不一致。有人说耳、目是“高等感官”，其余鼻、舌、皮肤、筋肉等等都是“低等感官”，只有“高等感官”可以尝到美感而“低等感官”则只能尝到快感。有人说引起美感的东西可以同时引起许多人的美感，引起快感的东西则对于这个人引起快感，对于那个人或引起不快感。美感有普遍性，快感没有普遍性。这些学说在历史上都发生过影响，如果分析起来，都是一钱不值。拿什么标准说耳、目是“高等感官”？耳、目得来的有些是美感，有些也只是快感，我们如何去分别？“客去茶香余舌本”，“冰肌玉骨，自清凉无汗”等名句是否与“低等感官”不能得美感之说相容？至于普遍不普遍的话更不足为凭。口腹有同嗜而艺术趣味却往往随人而异。陈年花雕是吃酒的人大半都称赞它美的，一般人却不能欣赏后期印象派的图画。我曾经听过一位很时髦的英国老太婆说道：“我从来没有见过比金字塔再拙劣的东西。”

从我们的立脚点看，美感和快感是很容易分别的。美感与实用活动无关，而快感则起于实际要求的满足。口渴时要喝水，喝了水就得到快感；腹饥时要吃饭，吃了饭也就得到快感。喝美酒所得的快感由于味感得到所需要的刺激，和饱食暖衣的快感同为实用的，并不是起于“无所为而为”的形象的观赏。至于看血色鲜丽的姑娘，可以生美感也可以不生美感。如果你觉得她是可爱的，给你做妻子你还不讨厌她，你所谓“美”就只是指合于满足性欲需要的条件，“美人”就只是指对于异性有引诱力的女子。如果你见了她不起性欲的冲动，只把她当作线纹匀称的形象看，那就和欣赏雕像或画像一样了。美感的态度不带意志，所以不带占有欲。在实际上性欲本能是一种最强烈的本能，看见血色鲜丽的姑娘而能“心如古井”地不动，只一味欣赏曲线美，是一般人所难能的。所以就美感说，罗斯金所称赞的血色鲜丽的英国姑娘对于实际人生距离太近，不一定比希腊女神雕像的价值高。

谈到这里，我们可以顺便地说一说弗洛伊德派心理学在文艺上的应用。大家都知道，弗洛伊德把文艺认为是性欲的表现。性欲是最原始最强烈的本能，在文明社会里，它受道德、法律种种社会的牵制，不能得充分的满足，于是被压抑到“隐意识”里去成为“情意综”。但是这种被压抑的欲望还是要偷空子化装求满足。文艺和梦一样，都是带着假面具逃开意识检察的欲望。

举一个例来说。男子通常都特别爱母亲，女子通常都特别爱父亲。依弗洛伊德看，这就是性爱。这种性爱是反乎道德法律的，所以被压抑下去，在男子则成“俄狄浦斯情意综”，在女子则成“爱列屈拉情意综”。这两个奇怪的名词是怎样讲呢?

俄狄浦斯原来是古希腊的一个王子，曾于无意中弑父娶母，所以他可以象征子对于母的性爱。爱列屈拉是古希腊的一个公主，她的母亲爱上一个男子，把丈夫杀了，她怂恿她的兄弟把母亲杀了，替父亲报仇，所以她可以象征女对于父的性爱。在许多民族的神话里面，伟大的人物都有母而无父，耶稣和孔子就是著例，耶稣是上帝授胎的，孔子之母祷于尼丘而生孔子。

在弗洛伊德派学者看，这都是“俄狄浦斯情意综”的表现。许多文艺作品都可以用这种眼光来看，都是被压抑的性欲因化装而得满足。

依这番话看，弗洛伊德的文艺观还是要纳到享乐主义里去，他自己就常喜欢用“快感原则”这个名词。在我们看，他的毛病也在把快感和美感混淆，把艺术的需要和实际人生的需要混淆。美感经验的特点在“无所为而为”地观赏形象。在创造或欣赏的一刹那中，我们不能仍然在所表现的情感里过活，一定要站在客位把这种情感当一幅意象去观赏。如果作者写性爱小说，读者看性爱小说，都是为着满足自己的性欲，那就无异于为着饥而吃饭，为着冷而穿衣，只是实用的活动而不是美感的活动了。文艺的内容尽管有关性欲，可是我们在创造或欣赏时却不能同时受性欲冲动的驱遣，需站在客位把它当作形象看。世间自然也有许多人喜欢看淫秽的小说去刺激性欲或是满足性欲，但是他们所得的并不是美感。弗洛伊德派学者的错处不在主张文艺常是满足性欲的工具，而在把这种满足认作美感。

美感经验是直觉的而不是反省的。在聚精会神之中，我们既忘却自我，自然不能觉得我是否喜欢所观赏的形象，或是反省这形象所引起的是不是快感。我们对于一件艺术作品欣赏的浓度愈大，就愈不觉得自己是在欣赏它，愈不觉得所生的感觉是愉快的。如果自己觉得快感，我便是由直觉变为反省，好比提灯寻影，灯到影灭，美感的态度便已失去了。美感所伴的快感，在当时都不觉得，到过后才回忆起来。比如读一首诗或是看一幕戏，当时我们只是心领神会，无暇他及，后来回想，才觉得这一番经验很愉快。

这个道理一经说破，本来很容易了解。但是许多人因为不明白这个很浅显的道理，遂走上迷路。近来德国和美国有许多研究“实验美学”的人就是如此。他们拿一些颜色、线形或是音调来请受验者比较，问他们喜欢哪一种，讨厌哪一种，然后做出统计来，说某种颜色是最美的，某种线形是最丑的。独立的颜色和画中的颜色本来不可相提并论。在艺术上部分之和并不等于全体，而且最易引起快感的东西也不一定就美。他们的错误是很显然的。

I · 05

『记得绿罗裙，处处怜芳草』

美感与联想

美感与快感之外，还有一个更易惹误解的纠纷问题，就是美感与联想。

什么叫做联想呢？联想就是见到甲而想到乙。甲唤起乙的联想，通常不外起于两种原因：或是甲和乙在性质上相类似，例如看到春光想起少年，看到菊花想到节士；或是甲和乙在经验上曾相接近，例如看到扇子想起萤火虫，走到赤壁想起曹孟德或苏东坡。类似联想和接近联想有时混在一起，牛希济的"记得绿罗裙，处处怜芳草"两句词就是好例。

词中主人何以"记得绿罗裙"呢？因为罗裙和他的欢爱者相接近；他何以"处处怜芳草"呢？因为芳草和罗裙的颜色相类似。

意识在活动时就是联想在进行，所以我们差不多时时刻刻都在起联想。听到声音知道说话的是谁，见到一个词知道它的意义，都是起于联想作用。联想是以旧经验诠释新经验，如果没有它，知觉、记忆和想象都不能发生，因为它们都得根据过去的经验。从此可知联想为用之广。

联想有时可用意志控制，作文构思时或追忆一时记不起的过去经验时，都是勉强把联想挤到一条路上去走。但是在大多数情境之中，联想是自由的、无意的、飘忽不定的。听课读书时本想专心，而打球、散步、吃饭、邻家的猫儿种种意象总是不由你自主地闯进脑里来，失眠时越怕胡思乱想，越禁止不住胡思乱想。这种自由联想好比水流湿，火就燥，稍有勾搭，即被牵绊，未登九天，已入黄泉。比如我现在从“火”字出发，就想到红，石榴，家里的天井，浮山，雷鲤的诗，鲤鱼，孔夫子的儿子等等，这个联想线索前后相承，虽有关系可寻，但是这些关系都是偶然的。我的“火”字的联想线索如此，换一个人或是我自己在另一时境，“火”字的联想线索却另是一样。从此可知联想的散漫飘忽。

联想的性质如此。多数人觉得一件事物美时，都是因为它能唤起甜美的联想。

在“记得绿罗裙，处处怜芳草”的人看，芳草是很美的。颜色心理学中有许多同类的事实。许多人对于颜色都有所偏好，有人偏好红色，有人偏好青色，有人偏好白色。据一派心理学家说，这都是由于联想作用。例如红是火的颜色，所以看到红色可以使人觉得温暖；青是田园草木的颜色，所以看到青色可以使人想到乡村生活的安闲。许多小孩子和乡下人看画，都只是喜欢它的花红柳绿的颜色。有些人看画，喜欢它里面的故事，乡下人喜欢把孟姜女、薛仁贵、桃园三结义的图糊在壁上做装饰，并不是因为那些木板雕刻的图好看，是因为它们可以提起许多有趣故事的联想。这种脾气并不只是乡下人才有。我每次陪朋友们到画馆里去看画，见到他们所特别注意的第一是几张有声名的画，第二是有历史性的作品如耶稣临刑图、拿破仑结婚图之类，像伦勃朗所画的老太公、老太婆，和后期印象派的山水风景之类的作品，他们却不屑一顾。此外又有些人看画（和看一切其他艺术作品一样），偏重它所含的道德教训。

道学先生看到裸体雕像或画像，都不免起若干嫌恶。记得詹姆斯在他的某一部书里说过有一次见过一位老修道妇，站在一幅耶稣临刑图面前合掌仰视，悠然神往。旁边人问她那幅画何如，她回答说："美极了，你看上帝是多么仁慈，让自己的儿子去牺牲，来赎人类的罪孽！"

在音乐方面，联想的势力更大。多数人在听音乐时，除了联想到许多美丽的意象之外，便别无所得。他们喜欢这个调子，因为它使他们想起清风明月；不喜欢那个调子，因为它唤醒他们以往的悲痛的记忆。锺子期何以负知音的雅名？因他听伯牙弹琴时，惊叹说："善哉！峨峨兮若泰山，洋洋兮若江河。"

李欣在胡笳声中听到什么？他听到的是"空山百鸟散还合，万里浮云阴且晴"。白乐天在琵琶声中听到什么？他听到的是"银瓶乍破水浆迸，铁骑突出刀枪鸣"。苏东坡怎样形容洞箫？他说："其声呜呜然，如怨如慕，如泣如诉。余音袅袅，不绝如缕。舞幽壑之潜蛟，泣孤舟之嫠妇。"这些数不尽的例子都可以证明多数人欣赏音乐，都是欣赏它所唤起的联想。

联想所伴的快感是不是美感呢？

历来学者对于这个问题可分两派，一派的答案是肯定的，一派的答案是否定的。这个争辩就是在文艺思潮史中闹得很凶的形式和内容的争辩。依内容派说，文艺是表现情思的，所以文艺的价值要看它的情思内容如何而决定。第一流文艺作品都必有高深的思想和真挚的情感。

这句话本来是不可辩驳的。但是侧重内容的人往往从这个基本原理抽出两个其他的结论，第一个结论是题材的重要。所谓题材就是情节。他们以为有些情节能唤起美丽堂皇的联想，有些情节只能唤起丑陋凡庸的联想。比如做史诗和悲剧，只应采取英雄为主角，不应采取愚夫愚妇。第二个结论就是文艺应含有道德的教训。读者所生的联想既随作品内容为转移，则作者应设法把读者引到正经路上去，不要用淫秽卑鄙的情节摇动他的邪思。这些学说发源较早，它们的影响到现在还是很大。从前人所谓“思无邪”、“言之有物”、“文以载道”，现在人所谓“哲理诗”、“宗教艺术”、“革命文学”等等，都是侧重文艺的内容和文艺的无关美感的功效。

这种主张在近代颇受形式派的攻击，形式派的标语是“为艺术而艺术”。他们说，两个画家同用一个模特儿，所成的画价值有高低；两个文学家同用一个故事，所成的诗文意蕴有深浅。许多大学问家、大道德家都没有成为艺术家，许多艺术家并不是大学问家、大道德家。从此可知艺术之所以为艺术，不在内容而在形式。如果你不是艺术家，纵有极好的内容，也不能产生好作品出来；反之，如果你是艺术家，极平庸的东西经过灵心妙运点铁成金之后，也可以成为极好的作品。印象派大师如莫奈、梵高诸人不是往往在一张椅子或是几间破屋之中表现一个情深意永的世界出来吗？这一派学说到近代才逐渐占势力。

在文学方面的浪漫主义，在图画方面的印象主义，尤其是后期印象主义，在音乐方面的形式主义，都是看轻内容的。单拿图画来说，一般人看画，都先问里面画的是什么，是怎样的人物或是怎样的故事。这些东西在术语上叫做“表意的成分”。近代有许多画家就根本反对画中有任何“表意的成分”。看到一幅画，他们只注意它的颜色、线纹和阴影，不问它里面有什么意义或是什么故事。假如你看到这派的作品，你起初只望见许多颜色凑合在一起，须费过一番审视和猜度，才知道所画的是房子或是崖石。这一派人是最反对杂联想于美感的。

这两派的学说都持之有故，言之成理，我们究竟何去何从呢？我们否认艺术的内容和形式可以分开来讲（这个道理以后还要谈到），不过关于美感与联想这个问题，我们赞成形式派的主张。

就广义说，联想是知觉和想象的基础，艺术不能离开知觉和想象，就不能离开联想。但是我们通常所谓联想，是指由甲而乙，由乙而丙，辗转不止的乱想。就这个普通的意义说，联想是妨碍美感的。美感起于直觉，不带思考，联想却不免带有思考。在美感经验中我们聚精会神于一个孤立绝缘的意象上面，联想则最易使精神涣散，注意力不专一，使心思由美感的意象旁迁到许多无关美感的事物上面去。在审美时，我看到芳草就一心一意地领略芳草的情趣；在联想时我看到芳草就想到罗裙，又想到穿罗裙的美人，既想到穿罗裙的美人，心思就已不复在芳草了。

联想大半是偶然的。比如说，一幅画的内容是"西湖秋月"，如果观者不聚精会神于画的本身而信任联想，则甲可以联想到雷峰塔，乙可以联想到往日同游西湖的美人，这些联想纵然有时能提高观者对于这幅画的好感，画本身的美却未必因此而增加，而画所引起的美感则反因精神涣散而减少。

知道这番道理，我们就可以知道许多通常被认为美感的经验其实并非美感了。假如你是武昌人，你也许特别喜欢崔颢的《黄鹤楼》诗；假如你是陶渊明的后裔，你也许特别喜欢《陶渊明集》；假如你是道德家，你也许特别喜欢《打鼓骂曹》的戏或是韩退之的《原道》；假如你是古董贩，你也许特别喜欢河南新出土的龟甲文或是敦煌石窟里面的壁画；假如你知道达·芬奇的声名大，你也许特别喜欢他的《蒙娜·丽莎》。这都是自然的倾向，但是这都不是美感，都是持实际人的态度，在艺术本身以外求它的价值。

I · 06

灵魂在杰作中冒险

考证、批评与欣赏

把快感认为美感，把联想认为美感，是一般人的误解，此外还有一种误解是学者们所特有的，就是把考证和批评认为欣赏。

在这里我不妨稍说说自己的经验。我自幼就很爱好文学。在我所谓“爱好文学”，就是喜欢哼哼有趣味的诗词和文章。后来到外国大学读书，就顺本来的偏好，决定研究文学。在我当初所谓“研究文学”，原来不过是多哼哼有趣味的诗词和文章。我以为那些外国大学的名教授可以告诉我哪些作品有趣味，并且向我解释它们何以有趣味的道理。我当时隐隐约约地觉得这门学问叫做“文学批评”，所以在大学里就偏重“文学批评”方面的功课。哪知道我费过五六年的功夫，所领教的几乎完全不是我原来所想望的。

比如拿莎士比亚这门功课来说，教授在讲堂上讲些什么呢？现在英国的学者最重“版本的批评”。他们整年地讲莎士比亚的某部剧本在某一年印第一次“四折本”，某一年印第一次“对折本”，“四折本”和“对折本”有几次翻印，某一个字在第一次“四折本”怎样写，后来在

“对折本”里又改成什么样，某一段在某版本里为阙文，某一个字是后来某个编辑者校改的。在我只略举几点已经就够使你看得不耐烦了，试想他们费毕生的精力做这种勾当！

自然他们不仅讲这一样，他们也很重视“来源”的研究。研究“来源”的问些什么问题呢？莎士比亚大概读过些什么书？他是否懂得希腊文？他的《哈姆雷特》一部戏是根据哪些书？这些书他读时是用原文还是用译本？ 他的剧中情节和史实有哪几点不符？为了要解决这些问题，学者们个个在埋头于灰封虫咬的向来没有人过问的旧书堆中，寻求他们的所谓“证据”。

此外他们也很重视“作者的生平”。莎士比亚生前操什么职业？几岁到伦敦当戏子？他少年偷鹿的谣传是否确实？他的十四行诗里所说的“黑姑娘”究竟是谁？“哈姆雷特”是否是莎士比亚现身说法？当时伦敦有几家戏院？他和这些戏院和同行戏子的关系如何？他死时的遗嘱能否见出他和他的妻子的情感？为了这些问题，学者跑到法庭里翻几百年前的文案，跑到官书局里查几百年前的书籍登记簿，甚至于跑到几座古老的学校去看看墙壁上和板凳上有没有或许是莎士比亚划的简笔姓名。他们如果寻到片纸只字，就以为是至宝。

这三种功夫合在一块讲，就是中国人所说的“考据学”。我的讲莎士比亚的教师除了这种考据学以外，自己不做其他的功夫，对于我们学生们也只讲他所研究的那一套，至于剧本本身，他只让我们凭我们自己的能力去读，能欣赏也好，不能欣赏也好，他是不过问的，像他这一类的学者在中国向来就很多，近来似乎更时髦。许多人是把“研究文学”和“整理国故”当作一回事。从美学观点来说，我们对于这种考据的工作应该发生何种感想呢？

考据所得的是历史的知识。历史的知识可以帮助欣赏却不是欣赏本身。欣赏之前要有了解。了解是欣赏的预备，欣赏是了解的成熟。只就欣赏说，版本、来源以及作者的生平都是题外事，因为美感经验全在欣赏形象本身，注意到这些问题，就是离开形象本身。但是就了解说，这些历史的知识却非常重要。例如要了解曹子建的《洛神赋》，就不能不知道他和甄后的关系；要欣赏陶渊明的《饮酒》诗，就不能不先考定原本中到底是“悠然望南山”还是“悠然见南山”。

了解和欣赏是互相补充的。未了解不足以言欣赏，所以考据学是基本的功夫。但是只了解而不能欣赏，则只是做到史学的功夫，却没有走进文艺的领域。一般富于考据癖的学者通常都不免犯两种错误。第一种错误就是穿凿附会。他们以为作者一字一画都有来历，于是拉史实来附会它。他们不知道艺术是创造的，虽然可以受史实的影响，却不必完全受史实的支配。《红楼梦》一部书有多少“考证”和“索隐”？它的主人究竟是纳兰成德，是清朝某个皇帝，还是曹雪芹自己？“红学”家大半都忘记艺术生于创造的想象，不必实有其事。考据家的第二种错误在因考据而忘欣赏。他们既然把作品的史实考证出来之后，便以为能事已尽。而不进一步去玩味玩味。他们好比食品化学专家，把一席菜的来源、成分以及烹调方法研究得有条有理之后，便袖手旁观，不肯染指。就我个人说呢，我是一个饕餮汉，对于这般考据家的苦心孤诣虽是十二分的敬佩和感激，我自己却不肯学他们那样“斯文”，我以为最要紧的事还是伸箸把菜取到口里来咀嚼，领略领略它的滋味。

在考据学者们自己看，考据就是一种批评。但是一般人所谓批评，意义实不仅如此。所以我当初想望研究文学批评，而教师却只对我讲版本来源种种问题，我很惊讶，很失望。普通意义的批评究竟是什么呢？这也并没有定准，向来批评学者有派别的不同，所认识的批评的意义也不一致。我们把他们区分起来，可以得四大类。

第一类批评学者自居“导师”的地位。他们对于各种艺术先抱有一种理想而自己却无能力把它实现于创作，于是拿这个理想来期望旁人。他们喜欢向创作家发号施令，说小说应该怎样做，说诗要用音韵或是不要用音韵，说悲剧应该用伟大人物的材料，说文艺要含有道德的教训，如此等类的教条不一而足。他们以为创作家只要遵守这些教条，就可以做出好作品来。坊间所流行的《诗学法程》、《小说做法》、《作文法》等等书籍的作者都属于这一类。

第二类批评学者自居“法官”地位。“法官”要有“法”，所谓“法”便是“纪律”。这班人心中预存几条纪律，然后以这些纪律来衡量一切作品，和它们相符合的就是美，违背它们的就是丑。这种“法官”式的批评家和上文所说的“导师”式的批评家常合在一起。他们最好的代表是欧洲假古典主义的批评家。“古典”是指古希腊和罗马的名著，“古典主义”就是这些名著所表现的特殊风格，“假古典主义”就是要把这种特殊风格定为“纪律”让创作家来模仿。处“导师”的地位，这派批评家向创作家发号施令说：“从古人的作品中我们抽绎出这几条纪律，你要谨遵无违，才有成功的希望！”处“法官”的地位，他们向创作家下批语说：“亚里士多德明明说过坏人不能做悲剧主角，你莎士比亚何以要用一个杀皇帝的麦克白？做诗用字忌俚俗，你在麦克白的独白中用‘刀’字，刀是屠户和厨夫的用具，拿来杀皇帝，岂不太损尊严，不合纪律？”（“刀”字的批评出诸约翰逊，不是我的杜撰。）这种批评的价值是很小的。文艺是创造的，谁能拿死纪律来范围活作品？谁读《诗歌做法》如法炮制而做成好诗歌？

第三类批评学者自居“舌人”的地位。“舌人”的功用在把外乡话翻译为本地话，叫人能够懂得。站在“舌人”的地位的批评家说：“我不敢发号施令，我也不敢判断是非，我只把作者的性格、时代和环境以及作品的意义解剖出来，让欣赏者看到易于明了。”这一类批评家又可细分为两种。一种如法国的圣伯夫，以自然科学的方法去研究作者的心理，看他的作品与个性、时代和环境有什么关系。一种为注疏家和上文所说的考据家，专以追溯来源、考订字句和解释意义为职务。这两种批评家的功用在帮助了解，他们的价值我们在上文已经说过。

第四类就是近代在法国闹得很久的印象主义的批评。属于这类的学者所居的地位可以说是“饕餮者”的地位。“饕餮者”只贪美味，尝到美味便把它的印象描写出来。他们的领袖是法朗士，他曾经说过：“依我看来，批评和哲学与历史一样，只是一种给深思好奇者看的小说；一切小说，精密地说起来，都是一种自传。凡是真批评家都只叙述他的灵魂在杰作中的冒险。”这是印象派批评家的信条。他们反对“法官”式的批评，因为“法官”式的批评相信美丑有普遍的标准，印象派则主张各人应以自己的嗜好为标准，我自己觉得一个作品好就说它好，否则它虽然是人人所公认为杰作的荷马史诗，我也只把它和许多我所不喜欢的无名小卒一样看待。他们也反对“舌人”式的批评，因为“舌人”式的批评是科学的、客观的，印象派则以为批评应该是艺术的、主观的，它不应像餐馆的使女只捧菜给人吃，应该亲自尝菜的味道。

一般讨论读书方法的书籍往往劝读者持“批评的态度”。这所谓“批评”究竟取哪一个意义呢？它大半是指“判断是非”。所谓持“批评的态度”去读书，就是说不要“尽信书”，要自己去分辨书中何者为真，何者为伪，何者为美，何者为丑。这其实就是“法官”式的批评。这种“批评的态度”和“欣赏的态度”（就是美感的态度）是相反的。批评的态度是冷静的，不杂情感的，其实就是我们在开头时所说的“科学的态度”；欣赏的态度则注重我的情感和物的姿态的交流。批评的态度须用反省的理解，欣赏的态度则全凭直觉。批评的态度预存有一种美丑的标准，把我放在作品之外去评判它的美丑；欣赏的态度则忌杂有任何成见，把我放在作品里面去分享它的生命。遇到文艺作品如果始终持批评的态度，则我是我而作品是作品，我不能沉醉在作品里面，永远得不到真正的美感的经验。

印象派的批评可以说就是“欣赏的批评”。就我个人说，我是倾向这一派的，不过我也明白它的缺点。印象派往往把快感误认为美感。在文艺方面，各人的趣味本来有高低。比如看一幅画，“内行”有“内行”的印象，“外行”有“外行”的印象，这两种印象的价值是否相同呢？我小时候喜欢读《花月痕》和《吕东莱博议》一类的东西，现在回想起来不禁赧颜，究竟是我从前对还是现在对呢？文艺虽无普遍的纪律，而美丑的好恶却有一个道理。遇见一个作品，我们只说：“我觉得它好”还不够，我们还应说出我何以觉得它好的道理。说出道理就是一般人所谓批评的态度了。

总而言之，考据不是欣赏，批评也不是欣赏，但是欣赏却不可无考据与批评。从前老先生们太看重考据和批评的功夫，现在一般青年又太不肯做脚踏实地的功夫，以为有文艺的嗜好就可以谈文艺，这都是很大的错误。

I · 07

『情人眼底出西施』

美与自然

我们关于美感的讨论，到这里可以告一段落了，现在最好把上文所说的话回顾一番，看我们已经占住了多少领土。美感是什么呢？从积极方面说，我们已经明白美感起于形象的直觉，而这种形象是孤立自足的，和实际人生有一种距离；我们已经见出美感经验中我和物的关系，知道我的情趣和物的姿态交感共鸣，才见出美的形象。从消极方面说，我们已经明白美感一不带意志欲念，有异于实用态度，二不带抽象思考，有异于科学态度；我们已经知道一般人把寻常快感、联想以及考据与批评认为美感的经验是一种大误解。

美生于美感经验，我们既然明白美感经验的性质，就可以进一步讨论美的本身了。

什么叫作美呢？

在一般人看，美是物所固有的。有些人物生来就美，有些人物生来就丑。比如称赞一个美人，你说她像一朵鲜花，像一颗明星，像一只轻燕，你决不说她像一个布袋，像一条犀牛或是像一只癞虾蟆。这就分明承认鲜花、明星和轻燕一类事物原来是美的，布袋、犀牛和癞虾蟆一类事物原来是丑的。说美人是美的，也犹如说她是高是矮是肥是瘦一样，她的高矮肥瘦是她的星宿定的，是她从娘胎带来的，她的美也是如此，和你看者无关。这种见解并不限于一般人，许多哲学家和科学家也是如此想。所以他们费许多心力去实验最美的颜色是红色还是蓝色，最美的形体是曲线还是直线，最美的音调是G调还是F调。

但是这种普遍的见解显然有很大的难点，如果美本来是物的属性，则凡是长眼睛的人们应该都可以看到，应该都承认它美，好比一个人的高矮，有尺可量，是高大家就要都说高，是矮大家就要都说矮。但是美的估定就没有一个公认的标准。假如你说一个人美，我说她不美，你用什么方法可以说服我呢？有些人喜欢辛稼轩而讨厌温飞卿，有些人喜欢温飞卿而讨厌辛稼轩，这究竟谁是谁非呢？同是一个对象，有人说美，有人说丑，从此可知美本在物之说有些不妥了。

因此，有一派哲学家说美是心的产品。美如何是心的产品，他们的说法却不一致。康德以为美感判断是主观的而却有普遍性，因为人心的构造彼此相同。黑格尔以为美是在个别事物上见出“概念”或理想。比如你觉得峨嵋山美，由于它表现“庄严”、“厚重”的概念。你觉得《孔雀东南飞》美，由于它表现“爱”与“孝”两种理想的冲突。托尔斯泰以为美的事物都含有宗教和道德的教训。此外还有许多其他的说法。说法既不一致，就只有都是错误的可能而没有都是不错的可能，好比一个数学题生出许多不同的答数一样。大约哲学家们都犯过信理智的毛病，艺术的欣赏大半是情感的而不是理智的。在觉得一件事物美时，我们纯凭直觉，并不是在下判断，如康德所说的，也不是在从个别事物中见出普遍原理，如黑格尔、托尔斯泰一般人所说的；因为这些都是科学的或实用的活动，而美感并不是科学的或实用的活动。还不仅此。美虽不完全在物却亦非与物无关。你看到峨嵋山才觉得庄严、厚重，看到一个小土墩却不能觉得庄严、厚重。从此可知物须先有使人觉得美的可能性，人不能完全凭心灵创造出美来。

依我们看，美不完全在外物，也不完全在人心，它是心物婚媾后所产生的婴儿。美感起于形象的直觉。形象属物而却不完全属于物，因为无我即无由见出形象；直觉属我却又不完全属于我，因为无物则直觉无从活动。美之中要有人情也要有物理，二者缺一都不能见出美。再拿欣赏古松的例子来说，松的苍翠劲直是物理，松的清风亮节是人情。从“我”的方面说，古松的形象并非天生自在的，同是一棵古松，千万人所见到的形象就有千万不同，所以每个形象都是每个人凭着人情创造出来的，每个人所见到的古松的形象就是每个人所创造的艺术品，它有艺术品通常所具的个性，它能表现各个人的性分和情趣。从“物”的方面说，创造都要有创造者和所创造物，所创造物并非从无中生有，也要有若干材料，这材料也要有创造成美的可能性。松所生的意象和柳所生的意象不同，和癞虾蟆所生的意象更不同。所以松的形象这一个艺术品的成功，一半是我的贡献，一半是松的贡献。

这里我们要进一步研究我与物如何相关了。何以有些事物使我觉得美，有些事物使我觉得丑呢？我们最好用一个浅例来说明这个道理。比如我们看下列六条垂直线，往往把它们看成三个柱子，觉得这三个柱子所围的空间（即A与B、C与D和E与F所围的空间）离我们较近，而B与C以及D与E所围的空间则看成背景，离我们较远。还不仅此。我们把这六条垂直线摆在一块看，它们仿佛自成一个谐和的整体；至于G与H两条没有规律的线则仿佛是这整体以外的东西，如果勉强把它搭上前面的六条线一块看，就觉得它不和谐。

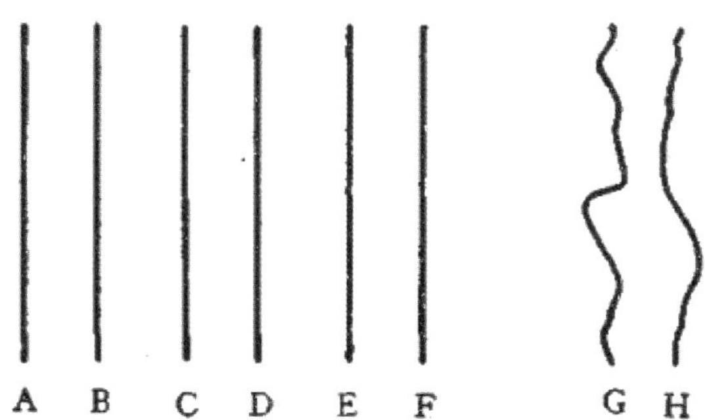

1）A与B、C与D、E与F距离都相等。

2）B与C、D与E距离相等，略大于A与B的距离。

3）F与G的距离较B与C的距离大。

4）A、B、C、D、E、F为六条平行垂直线，G与H为两条没有规律的线。

从这个有趣的事实，我们可以看出两个很重要的道理：

一、最简单的形象的直觉都带有创造性。把六条垂直线看成三个柱子，就是直觉到一种形象。它们本来同是垂直线，我们把A和B选在一块看，却不把B和C选在一块看；同是直线所围的空间，本来没有远近的分别，我们却把A、B中空间看得近，把B、C中空间看得远。从此可知在外物者原来是散漫混乱，经过知觉的综合作用，才现出形象来。形象是心灵从混乱的自然中所创造成的整体。

二、心灵把混乱的事物综合成整体的倾向却有一个限制，事物也要本来就有可综合为整体的可能性。A至F六条线可以看成一个整体，G与H两条线何以不能纳入这个整体里面去呢？这里我们很可以见出在觉美觉丑时心和物的关系。我们从左看到右时，看出CD和AB相似，DE又和BC相似。这两种相似的感觉便在心中形成一个有规律的节奏，使我们预料此后都可由此例推，右边所有的线都顺着左边诸线的节奏。视线移到EF两线时，所预料的果然出现，EF果然与CD也相似。预料而中，自然发生一种快感。但是我们再向右看，看到G与H两线时，就猛觉与前不同，不但G和F的距离猛然变大，原来是像柱子的平行垂直线，现在却是两条毫无规律的线。这是预料不中，所以引起不快感。因此G与H两线不但在物理方面和其他六条线不同，在情感上也和它们不能谐和，所以被摈于整体之外。

这里所谓“预料”自然不是有意的，好比深夜下楼一样，步步都踏着一步梯，就无意中预料以下都是如此，倘若猛然遇到较大的距离，或是踏到平地，才觉得这是出于意料。许多艺术都应用规律和节奏，而规律和节奏所生的心理影响都以这种无意的预料为基础。

懂得这两层道理，我们就可以进一步来研究美与自然的关系了。一般人常喜欢说“自然美”，好像以为自然中已有美，纵使没有人去领略它，美也还是在那里。这种见解就是我们在上文已经驳过的美本在物的说法。其实“自然美”三个字，从美学观点看，是自相矛盾的，是“美”就不“自然”，只是“自然”就还没有成为“美”。说“自然美”就好比说上文六条垂直线已有三个柱子的形象一样。如果你觉得自然美，自然就已经过艺术化，成为你的作品，不复是生糙的自然了。比如你欣赏一棵古松，一座高山，或是一湾清水，你所见到的形象已经不是松、山、水的本色，而是经过人情化的。各人的情趣不同，所以各人所得于松、山、水的也不一致。

流行语中有一句话说得极好：“情人眼底出西施。”美的欣赏极似“柏拉图式的恋爱”。你在初尝恋爱的滋味时，本来也是寻常血肉做的女子却变成你的仙子。你所理想的女子的美点她都应有尽有。在这个时候，你眼中的她也不复是她自己原身，而是经你理想化过的变形。你在理想中先酝酿成一个尽美尽善的女子，然后把她外射到你的爱人身上去，所以你的爱人其实不过是寄托精灵的躯骸。你只见到精灵，所以觉得无瑕可指；旁人冷眼旁观，只见到躯骸，所以往往诧异道：“他爱上她，真是有些奇怪。”一言以蔽之，恋爱中的对象是已经艺术化过的自然。

美的欣赏也是如此，也是把自然加以艺术化。所谓艺术化，就是人情化和理想化。不过美的欣赏和寻常恋爱有一个重要的异点。寻常恋爱都带有很强烈的占有欲，你既恋爱一个女子，就有意无意地存有“欲得之而甘心”的态度。美感的态度则丝毫不带占有欲。一朵花无论是生在邻家的园子里或是插在你自己的瓶子里，你只要能欣赏，它都是一样美。老子所说的“为而不有，功成而不居”，可以说是美感态度的定义。古董商和书画金石收藏家大半都抱有“奇货可居”的态度，很少有能真正欣赏艺术的。我在上文说过，美的欣赏极似“柏拉图式的恋爱”，所谓“柏拉图式的恋爱”对于所爱者也只是无所为而为的欣赏，不带占有欲。这种恋爱是否可能，颇有人置疑，但是历史上有多少著例，凡是到极浓度的初恋者也往往可以达到胸无纤尘的境界。

I · 08

『依样画葫芦』

写实主义和理想主义的错误

从美学观点看，“自然美”虽是一个自相矛盾的名词，但是通常说“自然美”时所用的“美”字却另有一种意义，和说“艺术美”时所用的“美”字不应该混为一事，这个分别非常重要，我们须把它剖析清楚。

自然本来混整无别，许多分别都是从人的观点看出来的。离开人的观点而言，自然本无所谓真伪，真伪是科学家所分别出来以便利思想的；自然本无所谓善恶，善恶是伦理学家所分别出来以规范人类生活的。同理，离开人的观点而言，自然也本无所谓美丑，美丑是观赏者凭自己的性分和情趣见出来的。自然界独一无二的固有的分别，只是常态与变态的分别。通常所谓“自然美”就是指事物的常态，所谓“自然丑”就是指事物的变态。

举个例来说，比如我们说某人的鼻子生得美，它大概应该像什么样子呢？太大的、太小的、太高的、太低的、太肥的、太瘦的鼻子都不能算得美。美的鼻子一定大小肥瘦高低件件都合适。我们说它不太高，说它件件都合适，这就是承认鼻子的大小高低等等原来有一个标准。这个标准是如何定出来的呢？你如果仔细研究，就可以发现它是取决多数，像选举投票一样。如果一百人之中有过半数的鼻子是一寸高，一寸就成了鼻高的标准。不及一寸高的鼻子就使人嫌它太低，超过一寸高的鼻子就使人嫌它太高。鼻子通常都是从上面逐渐高到下面来，所以称赞生得美的鼻子，我们往往说它“如悬胆”。如果鼻子上下都是一样粗细，像腊肠一样，或是鼻孔朝天露出，那就太稀奇古怪了，稀奇古怪便是变态。通常人说一件事丑，其实不过是因为它稀奇古怪。

照这样说，世间美鼻子应该多于丑鼻子，何以实际上不然呢？自然美的难，难在件件都合适。高低合适的大小或不合适，大小合适的肥瘦或不合适。所谓“式”就是标准，就是常态，就是最普遍的性质。自然美为许多最普遍的性质之总和。就每个独立的性质说，它是最普遍的；但是就总和说，它却不可多得，所以成为理想，为人称美。

一切自然事物的美丑都可以作如是观。宋玉形容一个美人说：

天下之佳人莫若楚国，楚国之丽者莫若臣里，臣里之美者莫若臣东家之子。东家之子增之一分则太长，减之一分则太短，著粉则太白，施朱则太赤。

照这样说，美人的美就在安不上“太”字，一安上“太”字就不免有些丑了。“太”就是超过常态，就是稀奇古怪。

人物都以常态为美。健全是人体的常态，耳聋、口吃、面麻、颈肿、背驼，足跛，都不是常态，所以都使人觉得丑。一般生物的常态是生气蓬勃，活泼灵巧。所以就自然美而论，猪不如狗，龟不如蛇，樗不如柳，老年人不如少年人。非生物也是如此。山的常态是巍峨，所以巍峨最易显出山的美；水的常态是浩荡明媚，所以浩荡明媚最易显出水的美。同理，花宜清香，月宜皎洁，春风宜温和，秋雨宜凄厉。

通常所谓“自然美”和“自然丑”，分析起来，意义不过如此。艺术上所谓美丑，意义是否相同呢?

一般人大半以为自然美和艺术美的对象和成因虽不同，而其为美则一。自然丑和艺术丑也是如此。这个普遍的误解酿成艺术史上两种表面相反而实在都是错误的主张，一是写实主义，一是理想主义。

写实主义是自然主义的后裔。自然主义起于法人卢梭。他以为上帝经手创造的东西，本来都是尽美尽善，人伸手进去搅扰，于是它们才被弄糟。人工造作，无论如何精巧，终比不上自然。自然既本来就美，艺术家最聪明的办法就是模仿它。在英人罗斯金看，艺术原来就是从模仿自然起来的。人类本来住在露天的树林中，后来他们建筑房屋，仍然是以树林和天空为模型。建筑如此，其他艺术亦然。人工不敌自然，所以用人工去模仿自然时，最忌讳凭己意选择去取。罗斯金说:

纯粹主义者拣选精粉，感官主义者杂取秕糠，至于自然主义则兼容并包，是粉就拿来制饼，是草就取来塞床。

这段话后来变成写实派的信条。写实主义最盛于十九世纪后半叶的法国，尤其是在小说方面。左拉是大家公认的代表。所谓写实主义就是完全照实在描写，愈像愈妙。比如描写一个酒店就要活像一个酒店，描写一个妓女就要活像一个妓女。既然是要像，就不能不详尽精确，所以写实派作者喜欢到实地搜集“凭据”，把它们很仔细地写在笔记簿上，然后把它们整理一番，就成了作品。他们写一间房屋时至少也要用三五页的篇幅，才肯放松它。

这种艺术观的难点甚多，最显著的有两端。第一，艺术的最高目的既然只在模仿自然，自然本身既已美了，又何必有艺术呢?如果妙肖自然，是艺术家的唯一能事，则寻常照相家的本领都比吴道子、唐六如高明了。第二，美丑是相对的名词，有丑然后才显得出美。如果你以为自然全体都是美，你看自然时便没有美丑的标准，便否认有美丑的比较，连“自然美”这个名词也没有意义了。

理想主义有见于此。依它说，自然中有美有丑，艺术只模仿自然的美，丑的东西应丢开。美的东西之中又有些性质是重要的，有些性质是琐屑的，艺术家只选择重要的，琐屑的应丢开。这种理想主义和古典主义通常携手并行。古典主义最重“类型”，所谓“类型”就是全类事物的模子。一件事物可以代表一切其他同类事物时就可以说是类型。比如说画马，你不应该画得只像这匹马或是只像那匹马，你该画得像一切马，使每个人见到你的画都觉得他所知道的马恰是像那种模样。要画得像一切马，就须把马的特征，马的普遍性画出来，至于这匹马或那匹马所特有的个性则“琐屑”不足道。假如你选择某一匹马来做模型，它一定也要富于代表性。这就是古典派的类型主义。从此可知类型就是我们在上文所说的事物的常态，就是一般人的“自然美”。

这种理想主义似乎很能邀信任常识者的同情，但是它和近代艺术思潮颇多冲突。艺术不像哲学，它的生命全在具体的形象，最忌讳的是抽象化。凡是一个模样能套上一切人物时就不能适合于任何人，好比衣帽一样。古典派的类型有如几何学中的公理，虽然应用范围很广泛，却不能引起观者的切身的情趣。许多人所公有的性质，在古典派看，虽是精深，而在近代人看，却极平凡、粗浅。近代艺术所搜求的不是类型而是个性，不是彰明较著的色彩而是毫厘之差的阴影。直鼻子、横眼睛是古典派所谓类型。如果画家只能够把鼻子画直，眼睛画横，结果就难免千篇一律，毫无趣味。他应该能够把这个直鼻子所以异于其他直鼻子的，这个横眼睛所以异于其他横眼睛的地方表现出来，才算是有独到的功夫。

在表面上看，理想主义和写实主义似乎相反，其实它们的基本主张是相同的，它们都承认自然中本来就有所谓美，它们都以为艺术的任务在模仿，艺术美就是从自然美模仿得来的。它们的艺术主张都可以称为“依样画葫芦”的主义。它们所不同者，写实派以为美在自然全体，只要是葫芦，都可以拿来作画的模型；理想派则以为美在类型，画家应该选择一个最富于代表性的葫芦。严格地说，理想主义只是一种精炼的写实主义，以理想派攻击写实派，不过是以五十步笑百步罢了。

艺术对于自然，是否应该持“依样画葫芦”的态度呢？艺术美是否从模仿自然美得来的呢？要回答这个问题，我们应该注意到两件事实：

一、自然美可以化为艺术丑。长在藤子上的葫芦本来很好看，如果你的手艺不高明，画在纸上的葫芦就不很雅观。许多香烟牌和月份牌上面的美人画就是如此，以人而论，面孔倒还端正，眉目倒还清秀；以画而论，则往往恶劣不堪。毛延寿有心要害王昭君，才把她画丑。世间有多少王昭君都被有善意而无艺术手腕的毛延寿糟蹋了。

二、自然丑也可以化为艺术美。本来是一个很丑的葫芦，经过大画家点铁成金的手腕，往往可以成为杰作。大醉大饱之后睡在床上放屁的乡下老太婆未必有什么风韵，但是我们谁不高兴看醉卧怡红院的刘姥姥？从前艺术家大半都怕用丑材料，近来艺术家才知道熔自然丑于艺术美，可以使美者更见其美。荷兰画家伦勃朗喜欢画老朽人物，法国文学家波德莱尔喜欢拿死尸一类的事物作诗题，雕刻家罗丹和爱朴斯丹也常用在自然中为丑的人物，都是最显著的例子。

这两件事实所证明的是什么呢？

一、艺术的美丑和自然的美丑是两件事。

二、艺术的美不是从模仿自然美得来的。

从这两点看，写实主义和理想主义都是一样错误，它们的主张恰与这两层道理相反。要明白艺术的真性质，先要推翻它们的“依样画葫芦”的办法，无论这个葫芦是经过选择，或是没有经过选择。

我们说“艺术美”时，“美”字只有一个意义，就是事物现形象于直觉的一个特点。事物如果要能现形象于直觉，它的外形和实质必须融化成一气，它的姿态必可以和人的情趣交感共鸣。这种“美”都是创造出来的，不是天生自在俯拾即是的，它都是“抒情的表现”。我们说“自然美”时，“美”字有两种意义。第一种意义的“美”就是上文所说的常态，例如背通常是直的，直背美于驼背。第二种意义的“美”其实就是艺术美。我们在欣赏一片山水而觉其美时，就已经把自己的情趣外射到山水里去，就已把自然加以人情化和艺术化了。所以有人说：“一片自然风景就是一种心境。”一般人的错误在只知道第一种意义的自然美，以为艺术美和第二种意义的自然美原来也不过如此。

法国画家德拉库瓦说得好：“自然只是一部字典而不是一部书。”人人尽管都有一部字典在手边，可是用这部字典中的字来做出诗文，则全凭各人的情趣和才学，做得好诗文的人都不能说是模仿字典，说自然本来就美（“美”字用“艺术美”的意义）者也犹如说字典中原来就有《陶渊明集》和《红楼梦》一类作品在内。这显然是很荒谬的。

I · 09

『大人者不失其赤子之心』

艺术与游戏

一直到现在，我们所讨论的都偏重欣赏。现在我们可以换一个方向来讨论创造了。

既然明白了欣赏的道理，进一步来研究创造，便没有什么困难，因为欣赏和创造的距离并不像一般人所想象的那么远。欣赏之中都寓有创造，创造之中也都寓有欣赏。创造和欣赏都是要见出一种意境，造出一种形象，都要根据想象与情感。比如说姜白石的“数峰清苦，商略黄昏雨”一句词含有一个受情感饱和的意境。姜白石在做这句词时，先须从自然中见出这种意境，然后拿这九个字把它翻译出来。在见到意境的一刹那中，他是在创造也是在欣赏。

我在读这句词时，这九个字对于我只是一种符号，我要能认识这种符号，要凭想象与情感从这种符号中领略出姜白石原来所见到的意境，须把他的译文翻回到原文。我在见到他的意境一刹那中，我是在欣赏也是在创造。倘若我丝毫无所创造，他所用的九个字对于我就漫无意义了。

一首诗做成之后，不是就变成个个读者的产业，使他可以坐享其成。

它也好比一片自然风景，观赏者要拿自己的想象和情趣来交接它，才能有所得。他所得的深浅和他自己的想象与情趣成比例。读诗就是再做诗，一首诗的生命不是作者一个人所能维持住，也要读者帮忙才行。读者的想象和情感是生生不息的，一首诗的生命也就是生生不息的，它并非是一成不变的。一切艺术作品都是如此，没有创造就不能有欣赏。

创造之中都寓有欣赏，但是创造却不全是欣赏。欣赏只要能见出一种意境，而创造却须再进一步，把这种意境外射出来，成为具体的作品。这种外射也不是易事，它要有相当的天才和人力，我们到以后还要详论它，现在只就艺术的雏形来研究欣赏和创造的关系。

艺术的雏形就是游戏。游戏之中就含有创造和欣赏的心理活动。人们不都是艺术家，但每一个人都做过儿童，对于游戏都有几分经验。所以要了解艺术的创造和欣赏，最好是先研究游戏。

骑马的游戏是很普遍的，我们就把它做例来说。儿童在玩骑马的把戏时，他的心理活动可以用这么一段话说出来：“父亲天天骑马在街上走，看他是多么好玩！多么有趣！我们也骑来试试看。他的那匹大马自然不让我们骑。小弟弟，你弯下腰来，让我骑！特！特！走快些！你没有气力了吗？我去换一匹马罢。”于是厨房里的竹帚夹在胯下又变成一匹马了。

从这个普遍的游戏中间，我们可以看出几个游戏和艺术的类似点。

一、像艺术一样，游戏把所欣赏的意象加以客观化，使它成为一个具体的情境。小孩子心里先印上一个骑马的意象，这个意象变成他的情趣的集中点（这就是欣赏）。情趣集中时意象大半孤立，所以本着单独观念实现于运动的普遍倾向，从心里外射出来，变成一个具体的情境（这就是创造），于是有骑马的游戏。骑马的意象原来是心镜从外物界所摄来的影子。在骑马时儿童仍然把这个影子交还给外物界。不过这个影子在摄来时已顺着情感的需要而有所选择去取，在脑里打一个翻转之后，又经过一番意匠经营，所以不复是生糙的自然。一个人可以当马骑，一个竹帚也可以当马骑。换句话说，儿童的游戏不完全是模仿自然，它也带有几分创造性。他不仅作骑马的游戏，有时还拣一支粉笔或土块在地上画一个骑马的人。他在一个圆圈里画两点一直一横就成了一个面孔，在下面再安上两条线就成了两只腿。他原来看人物时只注意到这些最刺眼的运动的部分，他是一个印象派的作者。

二、像艺术一样，游戏是一种“想当然耳”的勾当。儿童在拿竹帚当马骑时，心里完全为骑马这个有趣的意象占住，丝毫不注意到他所骑的是竹帚而不是马。他聚精会神到极点，虽是在游戏而却不自觉是在游戏。本来是幻想的世界，却被他看成实在的世界了。他在幻想世界中仍然持着郑重其事的态度。全局尽管荒唐，而各部分却仍须合理。有两位小姊妹正在玩做买卖的把戏，她们的母亲从外面走进来向扮店主的姐姐亲了个嘴，扮顾客的妹妹便抗议说：“妈妈，你为什么同开店的人亲嘴？”从这个实例看，我们可以知道儿戏很类似写剧本或是写小说，在不近情理之中仍须不背乎情理，要有批评家所说的“诗的真实”。成人们往往嗤不郑重的事为儿戏，其实成人自己很少像儿童在游戏时那么郑重，那么专心，那么认真。

三、像艺术一样，游戏带有移情作用，把死板的宇宙看成活跃的生灵。我们成人把人和物的界线分得很清楚，把想象的和实在的分得很清楚。在儿童心中这种分别是很模糊的。他把物视同自己一样，以为它们也有生命，也能痛能痒。他拿竹帚当马骑时，你如果在竹帚上扯去一条竹枝，那就是在他的马身上扯去一根毛，在骂你一场之后，他还要向竹帚说几句温言好语。他看见星说是天眨眼，看见露说是花垂泪。这就是我们在前面说过的“宇宙的人情化”。人情化可以说是儿童所特有的体物的方法。人越老就越不能起移情作用，我和物的距离就日见其大，实在的和想象的隔阂就日见其深，于是这个世界也就越没有趣味了。

四、像艺术一样，游戏是在现实世界之外另造一个理想世界来安慰情感。骑竹马的小孩子一方面觉得骑马的有趣，一方面又苦于骑马的不可能，骑马的游戏是他弥补现实缺陷的一种方法。近代有许多学者说游戏起于精力的过剩，有力没处用，才去玩把戏。这话虽然未可尽信，却含有若干真理。人生来就好动，生而不能动，便是苦恼。疾病、老朽、幽囚都是人所最厌恶的，就是它们夺去动的可能。动愈自由即愈使人快意，所以人常厌恶有限而追求无限。现实界是有限制的，不能容人尽量自由活动。人不安于此，于是有种种苦闷厌倦。要消遣这种苦闷厌倦，人于是自架空中楼阁。苦闷起于人生对于“有限”的不满，幻想就是人生对于“无限”的寻求，游戏和文艺就是幻想的结果。它们的功用都在帮助人摆脱实在的世界的缰锁，跳出到可能的世界中去避风息凉。人愈到闲散时愈觉单调生活不可耐，愈想在呆板平凡的世界中寻出一点出乎常规的偶然的波浪，来排忧解闷。所以游戏和艺术的需要在闲散时愈紧迫。就这个意义说，它们确实是一种“消遣”。

儿童在游戏时臆造空中楼阁，大概都现出这几个特点。他们的想象力还没有被经验和理智束缚死，还能去来无碍。只要有一点实事实物触动他们的思路，他们立刻就生出一种意境，在一弹指间就把这种意境渲染成五光十彩。念头一动，随便什么事物都变成他们的玩具，你给他们一个世界，他们立刻就可以造出许多变化离奇的世界来交还你。他们就是艺术家。一般艺术家都是所谓“大人者不失其赤子之心”。

艺术家虽然“不失其赤子之心”，但是他究竟是“大人”，有赤子所没有的老练和严肃。游戏究竟只是雏形的艺术而不就是艺术。它和艺术有三个重要的异点。

一、艺术都带有社会性，而游戏却不带社会性。儿童在游戏时只图自己高兴，并没有意思要拿游戏来博得旁观者的同情和赞赏。在表面看，这似乎是偏于唯我主义，但是这实在由于自我观念不发达。他们根本就没有把物和我分得很清楚，所以说不到求人同情于我的意思。艺术的创造则必有欣赏者。艺术家见到一种意境或是感到一种情趣，自得其乐还不甘心，他还要旁人也能见到这种意境，感到这种情趣。他固然不迎合社会心理去沽名钓誉，但是他是一个热情者，总不免希望世有知音同情。因此艺术不像克罗齐派美学家所说的，只达到“表现”就可以了事，它还要能“传达”。在原始时期，艺术的作者就是全民众，后来艺术家虽自成一阶级，他们的作品仍然是全民众的公有物。艺术好比一棵花，社会好比土壤，土壤比较肥沃，花也自然比较茂盛。艺术的风尚一半是作者造成的，一半也是社会造成的。

二、游戏没有社会性，只顾把所欣赏的意象“表现”出来；艺术有社会性，还要进一步把这种意象传达于天下后世，所以游戏不必有作品而艺术则必有作品。游戏只是逢场作戏，比如儿童堆砂为屋，还未堆成，即已推倒，既已尽兴，便无留恋。艺术家对于得意的作品常加以珍护，像慈母待婴儿一般。音乐家贝多芬常言生存是一大痛苦，如果他不是心中有未尽之蕴要谱于乐曲，他久已自杀。司马迁也是因为要做《史记》，所以隐忍受腐刑的羞辱。从这些实例看，可知艺术家对于艺术比一切都看重。他们自己知道珍贵美的形象，也希望旁人能同样地珍惜它。他自己见到一种精灵，并且想使这种精灵在人间永存不朽。

三、艺术家既然要借作品“传达”他的情思给旁人，使旁人也能同赏共乐，便不能不研究“传达”所必需的技巧。他第一要研究他所借以传达的媒介，第二要研究应用这种媒介如何可以造成美的形式出来。比如说做诗文，语言就是媒介。这种媒介要恰能传出情思，不可任意乱用。

相传欧阳修《昼锦堂记》首两句本是“仕宦至将相，富贵归故乡”，送稿的使者已走过几百里路了，他还要打发人骑快马去添两个“而”字。文人用字不苟且，通常如此。儿童在游戏时对于所用的媒介决不这样谨慎选择。他骑马时遇着竹帚就用竹帚，遇着板凳就用板凳，反正这不过是一种代替意象的符号，只要他自己以为那是马就行了，至于旁人看见时是否也恰能想到马的意象，他却丝毫不介意。倘若画家意在马而画一个竹帚出来，谁人能了解他的原意呢？艺术的内容和形式都要恰能融合一气，这种融合就是美。

总而言之，艺术虽伏根于游戏本能，但是因为同时带有社会性，须留有作品传达情思于观者，不能不顾到媒介的选择和技巧的锻炼。它逐渐发达到现在，已经在游戏前面走得很远，令游戏望尘莫及了。

I·10

空中楼阁

创造的想象

艺术和游戏都是臆造空中楼阁来慰情遣兴。现在我们来研究这种楼阁是如何建筑起来的，这就是说，看看诗人在作诗或是画家在作画时的心理活动到底像什么样。

为说话易于明了起见，我们最好拿一个艺术作品做实例来讲。本来各种艺术都可以供给这种实例，但是能拿真迹摆在我们面前的只有短诗。所以我们姑且选一首短诗，不过心里要记得其他艺术作品的道理也是一样。比如王渔洋所推许为唐人七绝“压卷”作的王昌龄的《长信怨》：

> “奉帚平明金殿开，暂将团扇共徘徊。
> 玉颜不及寒鸦色，犹带昭阳日影来。”

大家都知道，这首诗的主人是班婕妤。她从失宠于汉成帝之后，谪居长信宫奉侍太后。昭阳殿是汉成帝和赵飞燕住的地方。这首诗是一个具体的艺术作品。王昌龄不曾留下记载来，告诉我们他作时心理历程如何，他也许并没有留意到这种问题。但是我们用心理学的帮助来从文字上分析，也可以想见大概。他作这首诗时有哪些心理的活动呢？

一、他必定使用想象。

什么叫作想象呢？它就是在心里唤起意象。比如看到寒鸦，心中就印下一个寒鸦的影子，知道它像什么样，这种心境从外物摄来的影子就是“意象”。意象在脑中留有痕迹，我眼睛看不见寒鸦时仍然可以想到寒鸦像什么样，甚至于你从来没有见过寒鸦，别人描写给你听，说它像什么样，你也可以凑合已有意象推知大概。这种回想或凑合以往意象的心理活动叫作“想象”。

想象有再现的，有创造的。一般的想象大半是再现的。原来从知觉得来的意象如此，回想起来的意象仍然是如此，比如我昨天看见一只鸦，今天回想它的形状，丝毫不用自己的意思去改变它，就是只用再现的想象。艺术作品不能不用再现的想象。比如这首诗里“奉帚”、“金殿”、“玉颜”、“寒鸦”、“日影”、“团扇”、“徘徊”等等，在独立时都只是再现的想象。“团扇”一个意象尤其如此。班婕妤自己在《怨歌行》里已经用过秋天丢开的扇子自比，王昌龄不过是借用这个典故。诗作出来总须旁人能懂得，“懂得”就是能够唤起以往的经验来印证。用以往的经验来印证新经验大半凭借再现的想象。

但是只有再现的想象决不能创造艺术。艺术既是创造的，就要用创造的想象。创造的想象也并非从无中生有，它仍用已有意象，不过把它们加以新配合。王昌龄的《长信怨》精彩全在后两句，这后两句就是用创造的想象做成的。个个人都见过“寒鸦”和“日影”，却从来没有人想到班婕妤的“怨”可以见于带昭阳日影的寒鸦。但是这话一经王昌龄说出，我们就觉得它实在是至情至理。从这个实例看，创造的定义就是：平常的旧材料之不平常的新综合。

王昌龄的题目是《长信怨》。“怨”字是一个抽象的字，他的诗却画出一个如在目前的具体的情境，不言怨而怨自见。艺术不同哲学，它最忌讳抽象。抽象的概念在艺术家的脑里都要先翻译成具体的意象，然后才表现于作品。具体的意象才能引起深切的情感。比如说“贫富不均”一句话入耳时只是一笔冷冰冰的总账，杜工部的“朱门酒肉臭，路有冻死骨”才是一幅惊心动魄的图画。思想家往往不是艺术家，就因为不能把抽象的概念翻译为具体的意象。

从理智方面看，创造的想象可以分析为两种心理作用：一是分想作用，一是联想作用。

我们所有的意象都不是独立的，都是嵌在整个经验里面的，都是和许多其他意象固结在一起的。比如我昨天在树林里看见一只鸦，同时还看见许多其他事物，如树林、天空、行人等等。如果这些记忆都全盘复现于意识，我就无法单提鸦的意象来应用。好比你只要用一根丝，它裹在一团丝里，要单抽出它而其他的丝也连带地抽出来一样。“分想作用”就是把某一个意象（比如说鸦）和与它相关的许多意象分开而单提出它来。这种分想作用是选择的基础。许多人不能创造艺术就因为没有这副本领。他们常常说：“一部十七史从何处说起？”他们一想到某一个意象，其余许多平时虽有关系而与本题却不相干的意象都一齐涌上心头来，叫他们无法脱围。小孩子读死书，往往要从头背诵到尾，才想起一篇文章中某一句话来，也就是吃不能“分想”的苦。

有分想作用而后有选择，只是选择有时就已经是创造。雕刻家在一块顽石中雕出一座爱神来，画家在一片荒林中描出一幅风景画来，都是在混乱的情境中把用得着的成分单提出来，把用不着的成分丢开，来造成一个完美的形象。诗有时也只要有分想作用就可以作成。例如“采菊东篱下，悠然见南山”，“寒波澹澹起，白鸟悠悠下”，“风吹草低见牛羊”诸名句都是从混乱的自然中划出美的意象来，全无机杼的痕迹。

不过创造大半是旧意象的新综合，综合大半借“联想作用”。我们在上文谈美感与联想时已经说过错乱的联想妨碍美感的道理，但是我们却保留过一条重要的原则：“联想是知觉和想象的基础。艺术不能离开知觉和想象，就不能离开联想。”现在我们可以详论这番话的意义了。

我们曾经把联想分为“接近”和“类似”两类。比如这首诗里所用的“团扇”这个意象，在班婕妤自己第一次用它时，是起于类似联想，因为她见到自己色衰失宠类似秋天的弃扇；在王昌龄用它时则起于接近联想，因为他读过班婕妤的《怨歌行》，提起班婕妤就因经验接近而想到团扇的典故。不过他自然也可以想到她和团扇的类似。

“怀古”、“忆旧”的作品大半起于接近联想，例如看到赤壁就想起曹操和苏东坡，看到遗衣挂壁就想到已故的妻子。类似联想在艺术上尤其重要。《诗经》中“比”、“兴”两体都是根据类似联想。比如《关关雎鸠》章就是拿雎鸠的挚爱比夫妇的情谊。《长信怨》里的“玉颜”在现在已成滥调，但是第一次用这两个字的人却费了一番想象。“玉”和“颜”本来是风马牛不相及，只因为在色泽肤理上相类似，就嵌合在一起了。语言文字的引申义大半都是这样起来的。例如“云破月来花弄影”一句词中三个动词都是起于类似联想的引申义。

因为类似联想的结果，物固然可以变成人，人也可变成物。物变成人通常叫作“拟人”。《长信怨》的“寒鸦”是实例。鸦是否能寒，我们不能直接感觉到，我们觉得它寒，便是设身处地地想。不但如此，寒鸦在这里是班婕妤所羡慕而又妒忌的受恩承宠者，它也许是隐喻赵飞燕。一切移情作用都起类似联想，都是“拟人”的实例。例如“感时花溅泪，恨别鸟惊心”和“水是眼波横，山是眉峰聚”一类的诗句都是以物拟人。

人变成物通常叫作“托物”。班婕妤自比“团扇”，就是托物的实例。“托物”者大半不愿直言心事，故婉转以隐语出之。曹子建被迫于乃兄，在走七步路的时间中做成一首诗说：

> 煮豆燃豆萁，豆在釜中泣，本是同根生，相煎何太急！

清朝有一位诗人不敢直骂爱新觉罗氏以胡人夺了明朝的江山，乃在咏《紫牡丹》诗里寄意说：

> “夺朱非正色，异种亦称王。”

这都是托物的实例。最普通的托物是“寓言”，寓言大半拿动植物的故事来隐射人类的是非善恶。托物是中国文人最喜欢的玩意儿。庄周、屈原首开端倪。但是后世注疏家对于古人诗文往往穿凿附会太过，黄山谷说得好：

> “彼喜穿凿者弃其大旨，取其发兴，于所遇林泉人物草木鱼虫，以为物物皆有所托，如世间商度隐语者，则诗委地矣！”

“拟人”和“托物”都属于象征。所谓“象征”，就是以甲为乙的符号。甲可以做乙的符号，大半起于类似联想。象征最大的用处就是以具体的事物来代替抽象的概念。我们在上文说过，艺术最怕抽象和空泛，象征就是免除抽象和空泛的无二法门。象征的定义可以说是：“寓理于象”。梅圣俞《续金针诗格》里有一段话很可以发挥这个定义：

诗有内外意，内意欲尽其理，外意欲尽其象。内外意含蓄，方入诗格。

上面诗里的“昭阳日影”便是象征皇帝的恩宠。“皇帝的恩宠”是“内意”，是“理”，是一个空泛的抽象概念，所以王昌龄拿“昭阳日影”这个具体的意象来代替它，“昭阳日影”便是“象”，便是“外意”。不过这种象征是若隐若现的。诗人用“昭阳日影”时，原来因为“皇帝的恩宠”一类的字样不足以尽其意蕴，如果我们一定要把它明白指为“皇帝的恩宠”的象征，这又未免剪云为裳，以迹象绳玄渺了。诗有可以解说出来的地方，也有不可以解说出来的地方。不可以言传的全赖读者意会。在微妙的境界我们尤其不可拘虚绳墨。

I · 11

『超以象外，得其环中』

创造与情感

二、诗人于想象之外又必有情感。

分想作用和联想作用只能解释某意象的发生如何可能，不能解释作者在许多可能的意象之中何以独抉择该意象。再就上文所引的王昌龄的《长信怨》来说，长信宫四围的事物甚多，他何以单择寒鸦？和寒鸦可发生联想的事物甚多，他何以单择昭阳日影？联想并不是偶然的，有几条路可走时而联想只走某一条路，这就由于情感的阴驱潜率。在长信宫四围的许多事物之中只有带昭阳日影的寒鸦可以和弃妇的情怀相照映，只有它可以显出一种“怨”的情境。在艺术作品中人情和物理要融成一气，才能产生一个完整的境界。

这个道理可以再用一个实例来说明，比如王昌龄的《闺怨》：

闺中少妇不知愁，春日凝妆上翠楼，忽见陌头杨柳色，悔教夫婿觅封侯！

杨柳本来可以引起无数的联想，桓温因杨柳而想到“树犹如此，人何以堪！”萧道成因杨柳而想起“此柳风流可爱，似张绪当年！”韩君平因杨柳而想起“昔日青青今在否”的章台妓女，何以这首诗的主人独懊悔当初劝丈夫出去谋官呢？因为“夫婿”的意象对于“春日凝妆上翠楼”的闺中少妇是一种受情感饱和的意象，而杨柳的浓绿又最易惹起春意，所以经它一触动，“夫婿”的意象就立刻浮上她的心头了。情感是生生不息的，意象也是生生不息的。换一种情感就是换一种意象，换一种意象就是换一种境界。即景可以生情，因情也可以生景。所以诗是做不尽的。有人说，风花雪月等等都已经被前人说滥了，所有的诗都被前人做尽了，诗是没有未来的了。这般人不但不知诗为何物，也不知生命为何物。诗是生命的表现。生命像柏格森所说的，时时在变化中即时时在创造中。说诗已经做穷了，就不啻说生命已到了末日。

王昌龄既不是班婕妤，又不是“闺中少妇”，何以能感到她们的情感呢？这又要回到“子非鱼，安知鱼之乐”的老问题了。诗人和艺术家都有“设身处地”和“体物入微”的本领。他们在描写一个人时，就要钻进那个人的心孔，在霎时间就要变成那个人，亲自享受他的生命，领略他的情感。所以我们读他们的作品时，觉得它深中情理。在这种心灵感通中我们可以见出宇宙生命的连贯。诗人和艺术家的心就是一个小宇宙。

一般批评家常喜欢把文艺作品分为“主观的”和“客观的”两类，以为写自己经验的作品是主观的，写旁人的作品是客观的。这种分别其实非常肤浅。凡是主观的作品都必同时是客观的，凡是客观的作品亦必同时是主观的。比如说班婕妤的《怨歌行》：

“新裂齐纨素，皎洁如霜雪，裁为合欢扇，团团似明月。出入君怀袖，动摇随风发。常恐秋节至，凉飙夺炎热，弃捐箧笥中，恩情中道绝。”

她拿团扇自喻，可以说是主观的文学。但是班婕妤在做这首诗时就不能同时在怨的情感中过活，她须暂时跳开切身的情境，看看它像什么样子，才能发现它像团扇。这就是说，她在做《怨歌行》时须退处客观的地位，把自己的遭遇当作一幅画来看。在这一刹那中，她就已经由弃妇变而为歌咏弃妇的诗人了，就已经在实际人生和艺术之中辟出一种距离来了。

再比如说王昌龄的《长信怨》。他以一位唐朝的男子来写一位汉朝的女子，他的诗可以说是客观的文学。但是他在做这首诗时一定要设身处地地想象班婕妤谪居长信宫的情况如何。像班婕妤自己一样，他也是拿弃妇的遭遇当作一幅画来欣赏。在想象到聚精会神时，他达到我们在前面所说的物我同一的境界，霎时之间，他的心境就变成班婕妤的心境了，他已经由客观的观赏者变而为主观的享受者了。总之，主观的艺术家在创造时也要能“超以象外”，客观的艺术家在创造时也要能“得其环中”，像司空图所说的。

文艺作品都必具有完整性。它是旧经验的新综合，它的精彩就全在这综合上面见出。在未综合之前，意象是散漫零乱的；在既综合之后，意象是谐和整一的。这种综合的原动力就是情感。凡是文艺作品都不能拆开来看，说某一笔平凡，某一句精辟，因为完整的全体中各部分都是相依为命的。人的美往往在眼睛上现出，但是也要全体健旺，眼中精神才饱满，不能把眼睛单拆开来，说这是造化的“警句”。严沧浪说过：“汉魏古诗，气象混沌，难以句摘；晋以还始有佳句。”这话本是见道语而实际上又不尽然。晋以还始有佳句，但是晋以还的好诗像任何时代的好诗一样，仍然“难以句摘”。比如《长信怨》的头两句：“奉帚平明金殿开，暂将团扇共徘徊”，拆开来单看，本很平凡。但是如果没有这两句所描写的荣华冷落的情境，便显不出后两句的精彩。功夫虽从点睛见出，却从画龙做起。凡是欣赏或创造文艺作品，都要先注意到总印象，不可离开总印象而细论枝节。比如古诗《江南》：

“江南可采莲，莲叶何田田！鱼戏莲叶间，鱼戏莲叶东，鱼戏莲叶南，鱼戏莲叶西，鱼戏莲叶北。”

单看起来，每句都无特色，合看起来，全篇却是一幅极幽美的意境。这不仅是汉魏古诗是如此，晋以后的作品如陈子昂的《登幽州台》：

“前不见古人，后不见来者，念天地之悠悠，独怆然而涕下。”

也是要在总印象上玩味，决不能字斟句酌。晋以后的诗和晋以后的词大半都是细节胜于总印象，聪明气和斧凿痕迹都露在外面，这的确是艺术的衰落现象。

情感是综合的要素，许多本来不相关的意象如果在情感上能协调，便可形成完整的有机体，比如李太白的《长相思》收尾两句说：

“相思黄叶落，白露点青苔。”

钱起的《省试湘灵鼓瑟》收尾两句说：

“曲终人不见，江上数峰青。”

温飞卿的《菩萨蛮》前阕说：

“水晶帘里颇黎枕，暖香惹梦鸳鸯锦。江上柳如烟，雁飞残月天。”

秦少游的《踏莎行》前阕说：

“雾失楼台，月迷津渡，桃源望断无寻处。可堪孤馆闭春寒，杜鹃声里斜阳暮。”

这里的字句所传出的意象都是物景，而这些诗词全体原来都是着重人事。我们仔细玩味这些诗词时，并不觉得人事之中猛然插入物景为不伦不类，反而觉得它们天生成的联络在一起，互相烘托，益见其美。这就由于它们在情感上是谐和的。单拿“曲终人不见，江上数峰青”两句诗来说，曲终人杳虽然与江上峰青绝不相干，但是这两个意象都可以传出一种凄清冷静的情感，所以它们可以调和。如果只说“曲终人不见”而无“江上数峰青”，或是只说“江上数峰青”而无“曲终人不见”，意味便索然了。从这个例子看，我们可以见出创造如何是平常的意象的不平常的综合，诗如何要论总印象，以及情感如何使意象整一种种道理了。

因为有情感的综合，原来似散漫的意象可以变成不散漫，原来似重复的意象也可以变成不重复。《诗经》里面的诗大半每篇都有数章，而数章所说的话往往无大差别。例如《王风·黍离》：

"彼黍离离，彼稷之苗。行迈靡靡，中心摇摇。知我者，谓我心忧，不知我者，谓我何求！悠悠苍天！此何人哉？

彼黍离离，彼稷之穗。行迈靡靡，中心如醉。知我者，谓我心忧，不知我者，谓我何求！悠悠苍天，此何人哉？

彼黍离离，彼稷之实。行迈靡靡，中心如噎。知我者，谓我心忧，不知我者，谓我何求！悠悠苍天，此何人哉？"

这三章诗每章都只更换两三个字，只有"苗"、"穗"、"实"三字指示时间的变迁，其余"醉"、"噎"两字只是为押韵而更换的；在意义上并不十分必要。三章诗合在一块不过是说："我一年四季心里都在忧愁。"诗人何必把它说一遍又说一遍呢？因为情感原是往复低徊、缠绵不尽的。这三章诗在意义上确似重复而在情感上则不重复。

总之，艺术的任务是在创造意象，但是这种意象必定是受情感饱和的。情感或出于己，或出于人，诗人对于出于己者须跳出来视察，对于出于人者须钻进去体验。情感最易感通，所以"诗可以群"。

I·12

『从心所欲，不逾矩』

创造与格律

三、在艺术方面，受情感饱和的意象是嵌在一种格律里面的。

我们再拿王昌龄的《长信怨》来说，在上文我们已经从想象和情感两个观点研究过它，话虽然已经说得不少，但是如果到此为止，我们就不免抹杀了这首诗的一个极重要的成分。《长信怨》不仅是一种受情感饱和的意象，而这个意象又是嵌在调声押韵的“七绝”体里面的。“七绝”是一种格律。《长信怨》的意象是王昌龄的特创，这种格律却不是他的特创。他以前有许多诗人用它，他以后也有许多诗人用它。它是诗人们父传子、子传孙的一套家当。其他如五古、七古、五律、七律以及词的谱调等等也都是如此。

格律的起源都是归纳的，格律的应用都是演绎的。它本来是自然律，后来才变为规范律。

专就诗来说，我们来看格律如何本来是自然的。

诗和散文不同。散文叙事说理，事理是直截了当、一往无余的，所以它忌讳纡回往复，贵能直率流畅。诗遣兴表情，兴与情都是低徊往复、缠绵不尽的，所以它忌讳直率，贵有一唱三叹之音，使情溢于辞。粗略地说，散文大半用叙述语气，诗大半用惊叹语气。

拿一个实例来说，比如看见一位年轻姑娘，你如果把这段经验当作"事"来叙，你只需说："我看见一位年轻姑娘"；如果把它当作"理"来说，你只需说："她年纪轻所以漂亮。"事既叙过了，理既说明了，你就不必再说什么，听者就可以完全明白你的意思。但是如果你一见就爱了她，你只说"我爱她"还不能了事，因为这句话只是叙述一桩事而不是传达一种情感，你是否真心爱她，旁人在这句话本身中还无从见出。如果你真心爱她，你此刻念她，过些时候还是念她。你的情感来而复去，去而复来。它是一个最不爽快的搅扰者。这种缠绵不尽的神情就要一种缠绵不尽的音节才表现得出。这个道理随便拿一首恋爱诗来看就会明白。比如古诗《华山畿》：

"奈何许！天下人何限，慊慊只为汝！"

这本来是一首极简短的诗，不是讲音节的好例，但是在这极短的篇幅中我们已经可以领略到一种缠绵不尽的情感，就因为它的音节虽短促而却不直率。它的起句用"许"字落脚，第二句虽然用一个和"许"字不协韵的"限"字，末句却仍回到和"许"字协韵的"汝"字落脚。这种音节是往而复返的。（由"许"到"限"是往，由"限"到"汝"是返。）它所以往而复返者，就因为情感也是往而复返的。这种道理在较长的诗里更易见出，你把《诗经》中《卷耳》或是上文所引过的《黍离》玩味一番，就可以明白。

韵只是音节中一个成分。音节除韵以外，在章句长短和平仄交错中也可以见出。章句长短和平仄交错的存在理由也和韵一样，都是顺着情感的自然需要。分析到究竟，情感是心感于物的激动，和脉搏、呼吸诸生理机能都密切相关。这些生理机能的节奏都是抑扬相间，往而复返，长短轻重成规律的。情感的节奏见于脉搏、呼吸的节奏，脉搏、呼吸的节奏影响语言的节奏。诗本来就是一种语言，所以它的节奏也随情感的节奏于往复中见规律。

最初的诗人都无意于规律而自合于规律，后人研究他们的作品，才把潜在的规律寻绎出来。这种规律起初都只是一种总结账，一种统计，例如“诗大半用韵”，“某字大半与某字协韵”，“章句长短大半有规律”，“平声和仄声的交错次第大半如此如此”之类。这本来是一种自然律。后来作诗的人看见前人做法如此，也就如法炮制。从前诗人多用五言或七言，他们于是也用五言或七言；从前诗人五言起句用仄仄平平仄，次句往往用平平仄仄平，于是他们调声也用同样的次第。这样一来，自然律就变成规范律了。诗的声韵如此，其他艺术的格律也是如此，都是把前规看成定例。

艺术上的通行的做法是否可以定成格律，以便后人如法炮制呢?

这是一个很难的问题，绝对的肯定答复和绝对的否定答复都不免有流弊。从历史看，艺术的前规大半是先由自然律变而为规范律，再由规范律变而为死板的形式。一种作风在初盛时，自身大半都有不可磨灭的优点。后来闻风响应者得其形似而失其精神，有如东施学西施捧心，在彼为美者在此反适增其丑。流弊渐深，反动随起，于是文艺上有所谓“革命运动”。文艺革命的首领本来要把文艺从格律中解放出来，但是他们的闻风响应者又把他们的主张定为新格律。这种新格律后来又因经形式化而引起反动。一波未平，一波又起。一部艺术史全是这些推陈翻新、翻新为陈的轨迹。王静安在《人间词话》里所以说：

> 四言敝而有《楚辞》，《楚辞》敝而有五言，五言敝而有七言，古诗敝而有律绝，律绝敝而有词。盖文体通行既久，染指遂多，自成习套，豪杰之士亦难于其中自出新意，故遁而作他体以自解脱。一切文体所以始盛终衰者皆由于此。

在西方文艺中，古典主义、浪漫主义、写实主义和象征主义相代谢的痕迹也是如此。各派有各派的格律，各派的格律都有因成习套而"敝"的时候。

格律既可"敝"，又何取乎格律呢？格律都有形式化的倾向，形式化的格律都有束缚艺术的倾向。我们知道这个道理，就应该知道提倡要格律的危险。但是提倡不要格律也是一桩很危险的事。我们固然应该记得格律可以变为死板的形式，但是我们也不要忘记第一流艺术家大半都是从格律中做出来的。比如陶渊明的五古，李太白的七古，王摩诘的五律以及温飞卿、周美成诸人所用的词调，都不是出自作者心裁。

提倡格律和提倡不要格律都有危险，这岂不是一个矛盾么？这并不是矛盾。创造不能无格律，但是只做到遵守格律的地步也决不足与言创造。我们现在把这个道理解剖出来。

诗和其他艺术都是情感的流露。情感是心理中极原始的一种要素。人在理智未发达之前先已有情感；在理智既发达之后，情感仍然是理智的驱遣者。情感是心感于物所起的激动，其中有许多人所共同的成分，也有某个人所特有的成分。这就是说，情感一方面有群性，一方面也有个性，群性是得诸遗传的，是永恒的，不易变化的；个性是成于环境的，是随环境而变化的。所谓"心感于物"，就是以得诸遗传的本能的倾向对付随人而异、随时而异的环境。环境随人随时而异，所以人类的情感时时在变化；遗传的倾向为多数人所共同，所以情感在变化之中有不变化者存在。

这个心理学的结论与本题有什么关系呢？艺术是情感的返照，它也有群性和个性的分别，它在变化之中也要有不变化者存在。比如单拿诗来说，四言、五言、七言、古、律、绝、词的交替是变化，而音节的需要则为变化中的不变化者。变化就是创造，不变化就是因袭。把不变化者归纳成为原则，就是自然律。这种自然律可以用为规范律，因为它本来是人类共同的情感的需要。但是只有群性而无个性，只有整齐而无变化，只有因袭而无创造，也就不能产生艺术。末流忘记这个道理，所以往往把格律变成死板的形式。

格律在经过形式化之后往往使人受拘束，这是事实，但是这绝不是格律本身的罪过，我们不能因噎废食。格律不能束缚天才，也不能把庸手提拔到艺术家的地位。如果真是诗人，格律会受他奴使；如果不是诗人，有格律他的诗固然腐滥，无格律它也还是腐滥。

古今大艺术家大半都从格律入手。艺术须寓整齐于变化。一味齐整，如钟摆摇动声，固然是单调；一味变化，如市场嘈杂声，也还是单调。由整齐到变化易，由变化到整齐难。从整齐入手，创造的本能和特别情境的需要会使作者在整齐之中求变化以避免单调。从变化入手，则变化之上不能再有变化，本来是求新奇而结果却仍还于单调。

古今大艺术家大半后来都做到脱化格律的境界。他们都从束缚中挣扎得自由，从整齐中酝酿出变化。格律是死方法，全赖人能活用。善用格律者好比打网球，打到娴熟时虽无心于球规而自合于球规，在不识球规者看，球手好像纵横如意，略无迁就规范的痕迹；在识球规者看，他却处处循规蹈矩。姜白石说得好："文以文而工，不以文而妙。"工在格律而妙则在神髓风骨。

孔夫子自道修养经验说："七十而从心所欲，不逾矩。"这是道德家的极境，也是艺术家的极境。“从心所欲，不逾矩”，艺术的创造活动尽于这七个字了。“从心所欲”者往往“逾矩”，“不逾矩”者又往往不能“从心所欲”。凡是艺术家都要能打破这个矛盾。孔夫子到快要死的时候才做到这种境界，可见循格律而能脱化格律，大非易事了。

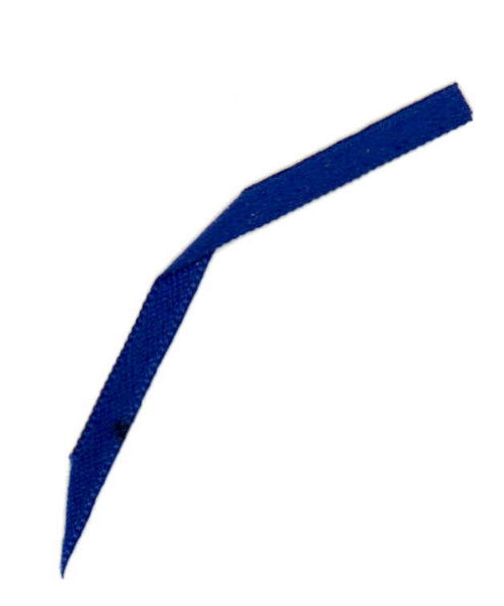

I · 13

『不似则失其所以为诗，似则失其所以为我』

创造与摹仿

创造与格律的问题之外，还有一个和它密切相关的问题，就是创造与模仿。因袭格律本来就已经是一种模仿，不过艺术上的模仿并不限于格律，最重要的是技巧。

技巧可以分为两项说，一项是关于传达的方法，一项是关于媒介的知识。

先说传达的方法。我们在上文见过，凡是创造之中都有欣赏，但是创造却不仅是欣赏。创造和欣赏都要见到一种意境。欣赏见到意境就止步，创造却要再进一步，把这种意境外射到具体的作品上去。见到一种意境是一件事，把这种意境传达出来让旁人领略又是一件事。

比如我此刻想象到一个很美的夜景，其中园亭、花木、湖山、风月，件件都了然于心，可是我不能把它画出来。我何以不能把它画出来呢？因为我不能动手，不能像支配筋肉一样任意活动。我如果勉强动手，我所画出来的全不像我所想出来的，我本来要画一条直线，画出来的线却是七弯八扭，我的手不能听我的心指使。穷究到底，艺术的创造不过是手能从心，不过是能任所欣赏的意象支配筋肉的活动，使筋肉所变的动作恰能把意象画在纸上或是刻在石上。

这种筋肉活动不是天生自在的，它须费一番功夫才学得来。我想到一只虎不能画出一只虎来，但是我想到"虎"字却能信手写一个"虎"字出来。我写"虎"字毫不费事，但是不识字的农夫看我写"虎"字，正犹如我看画家画虎一样可惊羡。一只虎和一个"虎"字在心中时都不过是一种意象，何以"虎"字的意象能供我的手腕作写"虎"字的活动，而虎的意象却不能使我的手腕作画虎的活动呢？这个分别全在有练习与没有练习。

我练习过写字，却没有练习过作画。我的手腕筋肉只有写"虎"字的习惯，没有画虎的习惯。筋肉活动成了习惯以后就非常纯熟，可以从心所欲，意到笔随；但是在最初养成这种习惯时，好比小孩子学走路，大人初学游水，都要跌几跤或是喝几次水，才可以学会。

各种艺术都各有它的特殊的筋肉的技巧。例如写字、作画、弹琴等等要有手腕筋肉的技巧，唱歌、吹箫要有喉舌唇齿诸筋肉的技巧，跳舞要有全身筋肉的技巧（严格地说，各种艺术都要有全身筋肉的技巧）。要想学一门艺术，就要先学它的特殊的筋肉的技巧。

学一门艺术的特殊的筋肉技巧，要用什么方法呢？起初都要模仿。"模仿"和"学习"本来不是两件事。姑且拿写字做例来说。小儿学写字，最初是描红，其次是写印本，再其次是临帖。这些方法都是借旁人所写的字做榜样，逐渐养成手腕筋肉的习惯。但是就我自己的经验来说，学写字最得益的方法是站在书家的身旁，看他如何提笔，如何运用手腕，如何使全身筋肉力量贯注在手腕上。他的筋肉习惯已养成了，在实地观察他的筋肉如何动作时，我可以讨一点诀窍来，免得自己去暗中摸索，尤其重要的是免得自己养成不良的筋肉习惯。

推广一点说，一切艺术上的模仿都可以作如是观。比如说作诗作文，似乎没有什么筋肉的技巧，其实也是一理。诗文都要有情感和思想。情感都见于筋肉的活动，我们在前面已经说过。思想离不开语言，语言离不开喉舌的动作。比如想到“虎”字时，喉舌间都不免起若干说出“虎”字的筋肉动作。这是行为派心理学的创见，现在已逐渐为一般心理学家所公认。诗人和文人常喜欢说“思路”，所谓“思路”并无若何玄妙，也不过是筋肉活动所走的特殊方向而已。

诗文上的筋肉活动是否可以模仿呢？它也并不是例外。中国诗人和文人向来着重“气”字，我们现在来把这个“气”字研究一番，就可以知道模仿筋肉活动的道理。曾国藩在《家训》里说过一段话，很可以值得我们注意：

> 凡作诗最宜讲究声调，须熟读古人佳篇，先之以高声朗诵，以昌其气；继之以密咏恬吟，以玩其味。二者并进，使古人之声调拂拂然若与我喉舌相习，则下笔时必有句调奔赴腕下，诗成自读之，亦自觉琅琅可诵，引出一种兴会来。

从这段话看，可知“气”与声调有关，而声调又与喉舌运动有关。韩昌黎也说过：“气盛则言之短长与声之高下皆宜。”声本于气，所以想得古人之气，不得不求之于声。求之于声，即不能不朗诵。朱晦庵曾经说过：“韩昌黎、苏明允作文，敝一生之精力，皆从古人声响学。”所以从前古文家教人作文最重朗诵。

姚姬传与陈硕士书说：“大抵学古文者，必须放声疾读，又缓读，只久之自悟。若但能默看，即终身作外行也。”朗诵既久，则古人之声就可以在我的喉舌筋肉上留下痕迹，“拂拂然若与我之喉舌相习”，到我自己下笔时，喉舌也自然顺这个痕迹而活动，所谓“必有句调奔赴腕下”。要看自己的诗文的气是否顺畅，也要吟哦才行，因为吟哦时喉舌间所习得的习惯动作就可以再现出来。从此可知从前人所谓“气”也就是一种筋肉技巧了。

关于传达的技巧大要如此，现在再讲关于媒介的知识。

什么叫作“媒介”？它就是艺术传达所用的工具。比如颜色、线形是图画的媒介，金石是雕刻的媒介，文字语言是文学的媒介。艺术家对于他所用的媒介也要有一番研究。比如达·芬奇的《最后的晚餐》是文艺复兴时代最大的杰作。但是他的原迹是用一种不耐潮湿的油彩画在一个易受潮湿的墙壁上，所以没过多少时候就剥落消失去了。这就是对于媒介欠研究。再比如建筑，它的媒介是泥石，它要把泥石砌成一个美的形象。建筑家都要有几何学和力学的知识，才能运用泥石；他还要明白他的媒介对于观者所生的影响，才不至于乱用材料。希腊建筑家往往把石柱的腰部雕得比上下都粗壮些，但是看起来它的粗细却和上下一律，因为腰部是受压时最易折断的地方，容易引起它比上下较细弱的错觉，把腰部雕粗些，才可以弥补这种错觉。

在各门艺术之中都有如此等类的关于媒介的专门知识，文学方面尤其显著。诗文都以语言文字为媒介。做诗文的人一要懂得字义，二要懂得字音，三要懂得字句的排列法，四要懂得某字某句的音义对于读者所生的影响。这四样都是专门的学问。前人对于这些学问已逐渐蓄积起许多经验和成绩，而不是任何人只手空拳、毫无凭借地在一生之内所可得到的。自己既不能件件去发明，就不得不利用前人的经验和成绩。文学家对于语言文字是如此，一切其他艺术家对于他的特殊的媒介也莫不然。各种艺术都同时是一种学问，都有无数年代所积成的技巧。学一门艺术，就要学该门艺术所特有的学问和技巧。这种学习就是利用过去经验，就是吸收已有文化，也就是模仿的一端。

古今大艺术家在少年时所做的功夫大半都偏在模仿。米开朗琪罗费过半生的功夫研究希腊罗马的雕刻，莎士比亚也费过半生的功夫模仿和改作前人的剧本，这是最显著的例。中国诗人中最不像用过功夫的莫过于李太白，但是他的集中模拟古人的作品极多，只略看看他的诗题就可以见出。杜工部说过："李侯有佳句，往往似阴铿"，他自己也说过："解道长江静如练，令人长忆谢玄晖。"他对于过去诗人的关系可以想见了。

艺术家从模仿入手，正如小儿学语言，打网球者学姿势，跳舞者学步法一样，并没有什么玄妙，也并没有什么荒唐。不过这步功夫只是创造的始基。没有做到这步功夫和做到这步功夫就止步，都不足以言创造。我们在前面说过，创造是旧经验的新综合。旧经验大半得诸模仿，新综合则必自出心裁。

像格律一样，模仿也有流弊，但是这也不是模仿本身的罪过。从前学者有人提倡模仿，也有人唾骂模仿，往往都各有各的道理，其实并不冲突。顾亭林的《日知录》里有一条说：

> "诗文之所以代变，有不得不然者。一代之文，沿袭已久，不容人人皆道此语。今且千数百年矣，而犹取古人之陈言一一而模仿之，以是为诗可乎？故不似则失其所以为诗，似则失其所以为我。"

这是一段极有意味的话，但是他的结论是突如其来的。"不似则失其所以为诗"一句和上文所举的理由恰相反。他一方面见到模仿古人不足以为诗，一方面又见到不似古人则失其所以为诗。这不是一个矛盾么？

这其实并不是矛盾。诗和其他艺术一样，须从模仿入手，所以不能不似古人，不似则失其所以为诗；但是它须归于创造，所以又不能全似古人，全似古人则失其所以为我。创造不能无模仿，但是只有模仿也不能算是创造。

凡是艺术家都须有一半是诗人，一半是匠人。他要有诗人的妙悟，要有匠人的手腕，只有匠人的手腕而没有诗人的妙悟，固不能有创作；只有诗人的妙悟而没有匠人的手腕，即创作亦难尽善尽美。妙悟来自性灵，手腕则可得于模仿。匠人虽比诗人身分低，但亦绝不可少。青年作家往往忽略这一点。

I·14

『读书破万卷，下笔如有神』

天才与灵感

知道格律和模仿对于创造的关系，我们就可以知道天才和人力的关系了。

生来死去的人何止恒河沙数？真正的大诗人和大艺术家是在一口气里就可以数得完的。何以同是人，有的能创造，有的不能创造呢？在一般人看，这全是由于天才的厚薄。他们以为艺术全是天才的表现，于是天才成为懒人的借口。聪明人说，我有天才，有天才何事不可为？用不着去下功夫。迟钝人说，我没有艺术的天才，就是下功夫也无益。于是艺术方面就无学问可谈了。

“天才”究竟是怎么一回事呢？

它自然有一部分得诸遗传。有许多学者常喜欢替大创造家和大发明家理家谱，说莫扎特有几代祖宗会音乐，达尔文的祖父也是生物学家，曹操一家出了几个诗人。这种证据固然有相当的价值，但是它决不能完全解释天才。同父母的兄弟贤愚往往相差很远。曹操的祖宗有什么大成就呢？曹操的后裔又有什么大成就呢？

天才自然也有一部分成于环境。假令莫扎特生在音阶简单、乐器拙陋的蒙昧民族中，也决不能作出许多复音的交响曲。“社会的遗产”是不可蔑视的。文艺批评家常喜欢说，伟大的人物都是他们的时代的骄子，艺术是时代和环境的产品。这话也有不尽然。同是一个时代而成就却往往不同。英国在产生莎士比亚的时代和西班牙是一般隆盛，而当时西班牙并没有产生伟大的作者。伟大的时代不一定能产生伟大的艺术。美国的独立，法国的大革命在近代都是极重大的事件，而当时艺术却卑卑不足高论。伟大的艺术也不必有伟大的时代做背景，席勒和歌德的时代，德国还是一个没有统一的纷乱的国家。

我承认遗传和环境的影响非常重大，但是我相信它们都不能完全解释天才。在固定的遗传和环境之下，个人还有努力的余地。遗传和环境对于人只是一个机会，一种本钱，至于能否利用这个机会，能否拿这笔本钱去做出生意来，则所谓“神而明之，存乎其人”。有些人天资颇高而成就则平凡，他们好比有大本钱而没有做出大生意；也有些人天资并不特异而成就则斐然可观，他们好比拿小本钱而做出大生意。这中间的差别就在努力与不努力了。牛顿可以说是科学家中一个天才了，他常常说：“天才只是长久的耐苦。”这话虽似稍嫌过火，却含有很深的真理。只有死功夫固然不尽能发明或创造，但是能发明创造者却大半是下过死功夫来的。哲学中的康德、科学中的牛顿、雕刻图画中的米开朗琪罗、音乐中的贝多芬、书法中的王羲之、诗中的杜工部，这些实例已经够证明人力的重要，又何必多举呢?

最容易显出天才的地方是灵感。我们只需就灵感研究一番，就可以见出天才的完成不可无人力了。

杜工部尝自道经验说：“读书破万卷，下笔如有神。”所谓“灵感”就是杜工部所说的“神”，“读书破万卷”是功夫，“下笔如有神”是灵感。据杜工部的经验看，灵感是从功夫出来的。如果我们借心理学的帮助来分析灵感，也可以得到同样的结论。

灵感有三个特征：

一、它是突如其来的，出于作者自己意料之外的。根据灵感的作品大半来得极快。从表面看，我们寻不出预备的痕迹。作者丝毫不费心血，意象涌上心头时，他只要信笔疾书。有时作品已经创造成功了，他自己才知道无意中又成了一件作品。歌德著《少年维特之烦恼》的经过，便是如此。据他自己说，他有一天听到一位少年失恋自杀的消息，突然间仿佛见到一道光在眼前闪过，立刻就想出全书的框架。他费两个星期的功夫一口气把它写成。在复看原稿时，他自己很惊讶，没有费力就写成一本书，告诉人说：“这部小册子好像是一个患睡行症者在梦中作成的。”

二、它是不由自主的，有时苦心搜索而不能得的偶然在无意之中涌上心头。希望它来时它偏不来，不希望它来时它却蓦然出现。法国音乐家柏辽兹有一次替一首诗作乐谱，全诗都谱成了，只有收尾一句（“可怜的兵士，我终于要再见法兰西！”）无法可谱。他再三思索，不能想出一段乐调来传达这句诗的情思，终于把它搁起。两年之后，他到罗马去玩，失足落水，爬起来时口里所唱的乐调，恰是两年前所再三思索而不能得的。

三、它也是突如其去的，练习作诗文的人大半都知道“败兴”的味道。“兴”也就是灵感。诗文和一切艺术一样都宜于乘兴会来时下手。兴会一来，思致自然滔滔不绝。没有兴会时写一句极平常的话倒比写什么还难。兴会来时最忌外扰。本来文思正在源源而来，外面狗叫一声，或是墨水猛然打倒了，便会把思路打断。断了之后就想尽方法也接不上来。谢无逸问潘大临近来作诗没有，潘大临回答说：“秋来日日是诗思。

昨日捉笔得‘满城风雨近重阳’之句，忽催租人至，令人意败。辄以此一句奉寄。”这是“败兴”的最好的例子。

灵感既然是突如其来，突然而去，不由自主，那不就无法可以用人力来解释么？从前人大半以为灵感非人力，以为它是神灵的感动和启示。在灵感之中，仿佛有神灵凭附作者的躯体，暗中驱遣他的手腕，他只是坐享其成。但是从近代心理学发现潜意识活动之后，这种神秘的解释就不能成立了。

什么叫做“潜意识”呢？我们的心理活动不尽是自己所能觉到的。自己的意识所不能察觉到的心理活动就属于潜意识。意识既不能察觉到，我们何以知道它存在呢？变态心理中有许多事实可以为凭。比如说催眠，受催眠者可以谈话、做事、写文章、做数学题，但是醒过来后对于催眠状态中所说的话和所做的事往往完全不知道。此外还有许多精神病人现出“两重人格”。例如一个人乘火车在半途跌下，把原来的经验完全忘记，换过姓名在附近镇市上做了几个月的买卖。有一天他忽然醒过来，发现身边事物都是不认识的，才自疑何以走到这么一个地方。旁人告诉他说他在那里开过几个月的店，他绝对不肯相信。心理学家根据许多类似事实，断定人于意识之外又有潜意识，在潜意识中也可以运用意志、思想，受催眠者和精神病人便是如此。在通常健全心理中，意识压倒潜意识，只让它在暗中活动。在变态心理中，意识和潜意识交替来去。它们完全分裂开来，意识活动时潜意识便沉下去，潜意识涌现时，便把意识淹没。

灵感就是在潜意识中酝酿成的情思猛然涌现于意识。它好比伏兵，在未开火之前，只是鸦雀无声地准备，号令一发，它乘其不备地发动总攻击，一鼓而下敌。在没有侦探清楚的敌人（意识）看，它好比周亚夫将兵从天而至一样。这个道理我们可以拿一件浅近的事实来说明。我们在初练习写字时，天天觉得自己在进步，过几个月之后，进步就猛然停顿起来，觉得字越写越坏。但是再过些时候，自己又猛然觉得进步。进步之后又停顿，停顿之后又进步，如此辗转几次，字才写得好。学别的技艺也是如此。据心理学家的实验，在进步停顿时，你如果索性不练习，把它丢开去做旁的事，过些时候再起手来写，字仍然比停顿以前较进步。这是什么道理呢？就因为在意识中思索的东西应该让它在潜意识中酝酿一些时候才会成熟。功夫没有错用的，你自己以为劳而不获，但是你在潜意识中实在仍然于无形中收效果。所以心理学家有“夏天学溜冰，冬天学泅水”的说法。溜冰本来是在前一个冬天练习的，今年夏天你虽然是在做旁的事，没有想到溜冰，但是溜冰的筋肉技巧却恰在这个不溜冰的时节暗里培养成功。一切脑的工作也是如此。

灵感是潜意识中的工作在意识中的收获。它虽是突如其来，却不是毫无准备。法国大数学家潘嘉赉常说他的关于数学的发明大半是在街头闲逛时无意中得来的。但是我们从来没有听过有一个人向来没有在数学上用功夫，猛然在街头闲逛时发明数学上的重要原则。在罗马落水的如果不是素习音乐的柏辽兹，跳出水时也决不会随口唱出一曲乐调。他的乐调是费过两年的潜意识酝酿的。

从此我们可以知道“读书破万卷，下笔如有神”两句诗是至理名言了。不过灵感的培养正不必限于读书。人只要留心，处处都是学问。艺术家往往在他的艺术范围之外下功夫，在别种艺术之中玩索得一种意象，让它沉在潜意识里去酝酿一番，然后再用他的本行艺术的媒介把它翻译出来。吴道子生平得意的作品为洛阳天宫寺的神鬼，他在下笔之前，先请裴旻舞剑一回给他看，在剑法中得着笔意。张旭是唐朝的草书大家，他尝自道经验说：“始吾见公主担夫争路，而得笔法之意；后见公孙氏舞剑器，而得其神。”王羲之的书法相传是从看鹅掌拨水得来的。法国大雕刻家罗丹也说道：“你问我在什么地方学来的雕刻？在深林里看树，在路上看云，在雕刻室里研究模型学来的。我在到处学，只是不在学校里。”

从这些实例看，我们可知各门艺术的意象都可触类旁通。书画家可以从剑的飞舞或鹅掌的拨动之中得到一种特殊的筋肉感觉来助笔力，可以得到一种特殊的胸襟来增进书画的神韵和气势。推广一点说，凡是艺术家都不宜只在本行小范围之内用功夫，须处处留心玩索，才有深厚的修养。鱼跃鸢飞，风起水涌，以至于一尘之微，当其接触感官时我们虽常不自觉其在心灵中可生若何影响，但是到挥毫运斤时，他们都会涌到手腕上来，在无形中驱遣它，左右它。在作品的外表上我们虽不必看出这些意象的痕迹，但是一笔一画之中都潜寓它们的神韵和气魄。这样意象的蕴蓄便是灵感的培养。它们在潜意识中好比桑叶到了蚕腹，经过一番咀嚼组织而成丝，丝虽然已不是桑叶而却是从桑叶变来的。

I·15

『慢慢走，欣赏啊！』

人生的艺术化

一直到现在，我们都是讨论艺术的创造与欣赏。在收尾这一节中，我提议约略说明艺术和人生的关系。

我在开章明义时就着重美感态度和实用态度的分别，以及艺术和实际人生之中所应有的距离，如果话说到这里为止，你也许误解我把艺术和人生看成漠不相关的两件事。我的意思并不如此。

人生是多方面而却相互和谐的整体，把它分析开来看，我们说某部分是实用的活动，某部分是科学的活动，某部分是美感的活动，为正名析理起见，原应有此分别；但是我们不要忘记，完满的人生见于这三种活动的平均发展，它们虽是可分别的而却不是互相冲突的。“实际人生”比整个人生的意义较为狭窄。一般人的错误在把它们认为相等，以为艺术对于“实际人生”既是隔着一层，它在整个人生中也就没有什么价值。有些人为维护艺术的地位，又想把它硬纳到“实际人生”的小范围里去。这般人不但是误解艺术，而且也没有认识人生。我们把实际生活看作整个人生之中的一片段，所以在肯定艺术与实际人生的距离时，并非肯定艺术与整个人生的隔阂。严格地说，离开人生便无所谓艺术，因为艺术是情趣的表现，而情趣的根源就在人生；反之，离开艺术也便无所谓人生，因为凡是创造和欣赏都是艺术的活动，无创造、无欣赏的人生是一个自相矛盾的名词。

人生本来就是一种较广义的艺术。每个人的生命史就是他自己的作品。这种作品可以是艺术的，也可以不是艺术的，正犹如同是一种顽石，这个人能把它雕成一座伟大的雕像，而另一个人却不能使它“成器”，分别全在性分与修养。知道生活的人就是艺术家，他的生活就是艺术作品。

过一世生活好比做一篇文章。完美的生活都有上品文章所应有的美点。

第一，一篇好文章一定是一个完整的有机体，其中全体与部分都息息相关，不能稍有移动或增减。一字一句之中都可以见出全篇精神的贯注。比如陶渊明的《饮酒》诗本来是“采菊东篱下，悠然见南山”，后人把“见”字误印为“望”字，原文的自然与物相遇相得的神情便完全丧失。这种艺术的完整性在生活中叫作“人格”。凡是完美的生活都是人格的表现。大而进退取与，小而声音笑貌，都没有一件和全人格相冲突。不肯为五斗米折腰向乡里小儿，是陶渊明的生命史中所应有的一段文章，如果他错过这一个小节，便失其为陶渊明。下狱不肯脱逃，临刑时还叮咛嘱咐还邻人一只鸡的债，是苏格拉底的生命史中所应有的一段文章，否则他便失其为苏格拉底。这种生命史才可以使人把它当作一幅图画去惊赞，它就是一种艺术的杰作。

其次，“修辞立其诚”是文章的要诀，一首诗或是一篇美文一定是至性深情的流露，存于中然后形于外，不容有丝毫假借。情趣本来是物我交感共鸣的结果。景物变动不居，情趣亦自生生不息。我有我的个性，物也有物的个性，这种个性又随时地变迁而生长发展。每人在某一时会所见到的景物，和每种景物在某一时会所引起的情趣，都有它的特殊性，断不容与另一人在另一时会所见到的景物，和另一景物在另一时会所引起的情趣完全相同。毫厘之差，微妙所在。在这种生生不息的情趣中我们可以见出生命的造化。把这种生命流露于语言文字，就是好文章；把它流露于言行风采，就是美满的生命史。

文章忌俗滥，生活也忌俗滥。俗滥就是自己没有本色而蹈袭别人的成规旧矩。西施患心病，常捧心颦眉，这是自然的流露，所以愈增其美。东施没有心病，强学捧心颦眉的姿态，只能引人嫌恶。在西施是创作，在东施便是滥调。滥调起于生命的干枯，也就是虚伪的表现。“虚伪的表现”就是“丑”，克罗齐已经说过。“风行水上，自然成纹”，文章的妙处如此，生活的妙处也是如此。在什么地位，是怎样的人，感到怎样情趣，便现出怎样言行风采，叫人一见就觉其谐和完整，这才是艺术的生活。

俗语说得好：“惟大英雄能本色”，所谓艺术的生活就是本色的生活。世间有两种人的生活最不艺术，一种是俗人，一种是伪君子。“俗人”根本就缺乏本色，“伪君子”则竭力遮盖本色。朱晦庵有一首诗说：“半亩方塘一鉴开，天光云影共徘徊。问渠哪得清如许？为有源头活水来。”艺术的生活就是有“源头活水”的生活。俗人迷于名利，与世浮沉，心里没有“天光云影”，就因为没有源头活水。他们的大病是生命的干枯。“伪君子”则于这种“俗人”的资格之上，又加上“沐猴而冠”的伎俩。他们的特点不仅见于道德上的虚伪，一言一笑、一举一动，都叫人起不美之感。谁知道风流名士的架子之中掩藏了几多行尸走肉？无论是“俗人”或是“伪君子”，他们都是生活中的“苟且者”，都缺乏艺术家在创造时所应有的良心。像柏格森所说的，他们都是“生命的机械化”，只能作喜剧中的角色。生活落到喜剧里去的人大半都是不艺术的。

艺术的创造之中都必寓有欣赏，生活也是如此。一般人对于一种言行常喜欢说它“好看”、“不好看”，这已有几分是拿艺术欣赏的标准去估量它。但是一般人大半不能彻底，不能拿一言一笑、一举一动纳在全部生命史里去看，他们的“人格”观念太淡薄，所谓“好看”、“不好看”往往只是“敷衍面子”。善于生活者则彻底认真，不让一尘一芥妨碍整个生命的和谐。一般人常以为艺术家是一班最随便的人，其实在艺术范围之内，艺术家是最严肃不过的。在锻炼作品时常呕心呕肝，一笔一划也不肯苟且。

王荆公作“春风又绿江南岸”一句诗时，原来“绿”字是“到”字，后来由“到”字改为“过”字，由“过”字改为“入”字，由“入”字改为“满”字，改了十几次之后才定为“绿”字。即此一端可以想见艺术家的严肃了。善于生活者对于生活也是这样认真。曾子临死时记得床上的席子是季路的，一定叫门人把它换过才瞑目。吴季札心里已经暗许赠剑给徐君，没有实行徐君就已死去，他很郑重地把剑挂在徐君墓旁树上，以见“中心契合死生不渝”的风谊。像这一类的言行看来虽似小节，而善于生活者却不肯轻易放过，正犹如诗人不肯轻易放过一字一句一样。小节如此，大节更不消说。董狐宁愿断头不肯掩盖史实，夷齐饿死不愿降周，这种风度是道德的也是艺术的。我们主张人生的艺术化，就是主张对于人生的严肃主义。

艺术家估定事物的价值，全以它能否纳入和谐的整体为标准，往往出于一般人意料之外。他能看重一般人所看轻的，也能看轻一般人所看重的。在看重一件事物时，他知道执着；在看轻一件事物时，他也知道摆脱。艺术的能事不仅见于知所取，尤其见于知所舍。苏东坡论文，谓如水行山谷中，行于其所不得不行，止于其所不得不止。这就是取舍恰到好处，艺术化的人生也是如此。善于生活者对于世间一切，也拿艺术的口味去评判它，合于艺术口味者毫毛可以变成泰山，不合于艺术口味者泰山也可以变成毫毛。他不但能认真，而且能摆脱。

在认真时见出他的严肃，在摆脱时见出他的豁达。孟敏堕甑，不顾而去，郭林宗见到以为奇怪。他说："甑已碎，顾之何益？"哲学家斯宾诺莎宁愿靠磨镜过活，不愿当大学教授，怕妨碍他的自由。王徽之居山阴，有一天夜雪初霁，月色清朗，忽然想起他的朋友戴逵，便乘小舟到剡溪去访他，刚到门口便把船划回去。他说："乘兴而来，兴尽而返。"这几件事彼此相差很远，却都可以见出艺术家的豁达。伟大的人生和伟大的艺术都要同时并有严肃与豁达之胜。晋代清流大半只知道豁达而不知道严肃，宋朝理学又大半只知道严肃而不知道豁达。陶渊明和杜子美庶几算得恰到好处。

一篇生命史就是一种作品，从伦理的观点看，它有善恶的分别，从艺术的观点看，它有美丑的分别。善恶与美丑的关系究竟如何呢?

就狭义说，伦理的价值是实用的，美感的价值是超实用的；伦理的活动都是有所为而为，美感的活动则是无所为而为。比如仁义忠信等等都是善，问它们何以为善，我们不能不着眼到人群的幸福。美之所以为美，则全在美的形象本身，不在它对于人群的效用（这并不是说它对于人群没有效用）。假如世界上只有一个人，他就不能有道德的活动，因为有父子才有慈孝可言，有朋友才有信义可言。但是这个想象的孤零零的人还可以有艺术的活动，他还可以欣赏他所居的世界，他还可以创造作品。善有所赖而美无所赖，善的价值是“外在的”，美的价值是“内在的”。

不过这种分别究竟是狭义的。就广义说，善就是一种美，恶就是一种丑。因为伦理的活动也可以引起美感上的欣赏与嫌恶。希腊大哲学家柏拉图和亚里士多德讨论伦理问题时都以为善有等级，一般的善虽只有外在的价值，而“至高的善”则有内在的价值。这所谓“至高的善”究竟是什么呢？柏拉图和亚里士多德本来是一走理想主义的极端，一走经验主义的极端，但是对于这个问题，意见却一致。他们都以为“至高的善”在“无所为而为的玩索”（disinterested contemplation）。这种见解在西方哲学思潮上影响极大，斯宾诺莎、黑格尔、叔本华的学说都可以参证。从此可知西方哲人心目中的“至高的善”还是一种美，最高的伦理的活动还是一种艺术的活动了。

“无所为而为的玩索”何以看成“至高的善”呢？这个问题涉及西方哲人对于神的观念。从耶稣教盛行之后，神才是一个大慈大悲的道德家。在希腊哲人以及近代莱布尼兹、尼采、叔本华诸人的心目中，神却是一个大艺术家，他创造这个宇宙出来，全是为着自己要创造，要欣赏。其实这种见解也并不减低神的身分。耶稣教的神只是一班穷叫花子中的一个肯施舍的财主佬，而一般哲人心中的神，则是以宇宙为乐曲而要在这种乐曲之中见出和谐的音乐家。这两种观念究竟是哪一个伟大呢？在西方哲人想，神只是一片精灵，他的活动绝对自由而不受限制，至于人则为肉体的需要所限制而不能绝对自由。人愈能脱肉体需求的限制而作自由活动，则离神亦愈近。“无所为而为的玩索”是唯一的自由活动，所以成为最上的理想。

这番话似乎有些玄渺，在这里本来不应说及。不过无论你相信不相信，有许多思想却值得当作一个意象悬在心眼前来玩味玩味。我自己在闲暇时也喜欢看看哲学书籍。老实说，我对于许多哲学家的话都很怀疑，但是我觉得他们有趣。我以为穷到究竟，一切哲学系统也都只能当作艺术作品去看。哲学和科学穷到极境，都是要满足求知的欲望。每个哲学家和科学家对于他自己所见到的一点真理（无论它究竟是不是真理）都觉得有趣味，都用一股热忱去欣赏它。真理在离开实用而成为情趣中心时就已经是美感的对象了。“地球绕日运行”，“勾方加股方等于弦方”一类的科学事实，和《米罗爱神》或《第九交响曲》一样可以摄魂震魄。科学家去寻求这一类的事实，穷到究竟，也正因为它们可以摄魂震魄。所以科学的活动也还是一种艺术的活动，不但善与美是一体，真与美也并没有隔阂。

艺术是情趣的活动，艺术的生活也就是情趣丰富的生活。人可以分为两种，一种是情趣丰富的，对于许多事物都觉得有趣味，而且到处寻求享受这种趣味。一种是情趣干枯的，对于许多事物都觉得没有趣味，也不去寻求趣味，只终日拼命和蝇蛆在一块争温饱。后者是俗人，前者就是艺术家。情趣愈丰富，生活也愈美满，所谓人生的艺术化就是人生的情趣化。

“觉得有趣味”就是欣赏。你是否知道生活，就看你对于许多事物能否欣赏。欣赏也就是“无所为而为的玩索”。在欣赏时人和神仙一样自由，一样有福。

阿尔卑斯山谷中有一条大汽车路，两旁景物极美，路上插着一个标语牌劝告游人说：“慢慢走，欣赏啊！”许多人在这车如流水马如龙的世界过活，恰如在阿尔卑斯山谷中乘汽车兜风，匆匆忙忙地急驰而过，无暇一回首流连风景，于是这丰富华丽的世界便成为一个了无生趣的囚牢。这是一件多么可惋惜的事啊！

朋友，在告别之前，我采用阿尔卑斯山路上的标语，在中国人告别习用语之下加上三个字奉赠：

“慢慢走，欣赏啊！”

贰　眠食诸希珍重

（《给青年的十二封信》节选）

“这十二封信啊，愿对于现在的青年，有些力量！”

II · 01

谈读书

读书不在多，在精，读得彻底

朋友：

中学课程很多，你自然没有许多时间去读课外书。但是你试抚心自问：你每天真抽不出一点钟或半点钟的功夫么？如果你每天能抽出半点钟，你每天至少可以读三四页，每月可以读一百页，到了一年也就可以读四五本书了。何况你在假期中每天断不会只能读三四页呢？你能否在课外读书，不是你有没有时间的问题，是你有没有决心的问题。

世间有许多人比你忙得多。许多人的学问都在忙中做成的。美国有一位文学家科学家和革命家富兰克林，幼时在印刷局里做小工，他的书都是在做工时抽暇读的。不必远说，你应该还记得，国父孙中山先生，难道你比那一位奔走革命席不暇暖的老人家还要忙些么？他生平无论忙到什么地步，没有一天不偷暇读几页书。你只要看他的《建国方略》和《孙文学说》，你便知道他不仅是一个政治家，而且还是一个学者。不读书讲革命，不知道“光”的所在，只是窜头乱撞，终难成功。这个道理，孙先生懂得最清楚的，所以他的学说特别重“知”。

人类学问逐天进步不止，你不努力跟着跑，便落伍退后，这固不消说。尤其要紧的是养成读书的习惯，是在学问中寻出一种兴趣。你如果没有一种正常嗜好，没有一种在闲暇时可以寄托你的心神的东西，将来离开学校去做事，说不定要被恶习惯引诱。你不看见现在许多叉麻雀抽鸦片的官僚们绅商们乃至于教员们，不大半由学生出身么？你慢些鄙视他们，临到你来，再看看你的成就罢！但是你如果在读书中寻出一种趣味，你将来抵抗引诱的能力比别人定要大些。这种兴趣你现在不能寻出，将来永不会寻出的。凡人都越老越麻木，你现在已比不上三五岁的小孩子那样好奇、那样兴味淋漓了。你长大一岁，你感觉兴味的敏锐力便须迟钝一分。达尔文在自传里曾经说过，他幼时颇好文学和音乐，壮时因为研究生物学，把文学和音乐都丢开了，到老来他再想拿诗歌来消遣，便寻不出趣味来了。兴味要在青年时设法培养，过了正常时节，便会萎谢。比方打网球，你在中学时喜欢打，你到老都喜欢打。假如你在中学时代错过机会，后来要发愿去学，比登天边要难十倍。养成读书习惯也是这样。

你也许说，你在学校里终日念讲义看课本就是读书吗？讲义课本着意在平均发展基本知识，固亦不可不读。但是你如果以为念讲义看课本，便尽读书之能事，就是大错特错。第一，学校功课门类虽多，而范围究极狭窄。你的天才也许与学校所有功课都不相近，自己在课外研究，去发见自己性之所近的学问。再比方你对于某种功课不感兴趣，这也许并非由于性不相近，只是规定课本不合你的口味。你如果能自己在课外发见好书籍，你对于那种功课的兴趣也许就因而浓厚起来了。第二，念讲义看课本，免不掉若干拘束，想借此培养兴趣，颇是难事。比方有一本小说，平时自由拿来消遣，觉得多么有趣，一旦把它拿来当课本读，用预备考试的方法去读，便不免索然寡味了。兴趣要逍遥自在地不受拘束地发展，所以为培养读书兴趣起见，应该从读课外书入手。

书是读不尽的，就读尽也是无用，许多书没有一读的价值。你多读一本没有价值的书，便丧失可读一本有价值的书的时间和精力；所以你须慎加选择。你自己自然不会选择，须去就教于批评家和专门学者。我不能告诉你必读的书，我能告诉你不必读的书。许多人曾抱定宗旨不读现代出版的新书。因为许多流行的新书只是迎合一时社会心理，实在毫无价值，经过时代淘汰而巍然独存的书才有永久性，才值得读一遍两遍以至于无数遍。我不敢劝你完全不读新书，我却希望你特别注意这一点，因为现代青年颇有非新书不读的风气。别的事都可以学时髦，惟有读书做学问不能学时髦。我所指不必读的书，不是新书，是谈书的书，是值不得读第二遍的书。走进一个图书馆，你尽管看见千卷万卷的纸本子，其中真正能够称为“书”的恐怕难上十卷百卷。你应该读的只是这十卷百卷的书。在这些书中间，你不但可以得较真确的知识，而且可以于无形中吸收大学者治学的精神和方法。这些书才能撼动你的心灵，激动你的思考。其他像“文学大纲”、“科学大纲”以及杂志报章上的书评，实在都不能供你受用。你与其读千卷万卷的诗集，不如读一部《国风》或《古诗十九首》，你与其读千卷万卷希腊哲学的书籍，不如读一部柏拉图的《理想国》。

你也许要问我像我们中学生究竟应该读些什么书呢？这个问题可是不易回答。你大约还记得北平京报副刊曾征求“青年必读书十种”，结果有些人所举十种尽是几何代数，有些人所举十种尽是史记汉书。这在旁人看起来似近于滑稽，而应征的人却各抱有一番大道理。本来这种征求的本意，求以一个人的标准做一切人的标准，好像我只喜欢吃面，你就不能吃米，完全是一种错误见解。各人的天资、兴趣、环境、职业不同，你怎么能定出万应灵丹似的十种书，供天下无量数青年读之都能感觉同样趣味发生同样效力？

我为了写这封信给你，特地去调查了几个英国公共图书馆。他们的青年读物部最流行的书可以分为四类：（一）冒险小说和游记，（二）神话和寓言，（三）生物故事，（四）名人传记和爱国小说。其中代表的书籍是凡尔纳的《八十天环游地球》（*Jules Verne：Around the World in Eighty Days*）和《海底二万里》（*Twenty Thousand Leagues Under the Sea*），笛福的《鲁滨孙飘流记》（*Defoe：Robinson Crusoe*），大仲马的《三剑客》（*A. Dumas：Three Musketeers*），霍桑的《奇书》和《丹谷闲话》（*Hawthorne：Wonder Book and Tangle Wood Tales*），金斯利的《希腊英雄传》（*Kingsley：Heroes*），法布尔的《鸟兽故事》（*Fabre：Story Book of Birds and Beasts*），安徒生的《童话》（*Andersen：Fairy Tales*），骚塞的《纳尔逊传》（*Southey：Life of Nelson*），房龙的《人类故事》（*Vanloon：The Story of Mankind*）之类。这些书在国外虽流行，给中国青年读，却不十分相宜。中国学生们大半是少年老成，在中学时代就喜欢像煞有介事的谈一点学理。他们——你和我自然都在内——不仅喜欢谈谈文学，还要研究社会问题，甚至于哲学问题。这既是一种自然倾向，也就不能漠视，我个人的见解也不妨提起和你商量商量。十五六岁以后的教育宜注重发达理解，十五六岁以前的教育宜注重发达想象。所以初中的学生们宜多读想象的文字，高中的学生才应该读含有学理的文字。

谈到这里，我还没有答复应读何书的问题。老实说，我没有能力答复，我自己便没曾读过几本"青年必读书"，老早就读些壮年必读书。比方在中国书里，我最喜欢《国风》、《庄子》、《楚辞》、《史记》、《古诗源》、《文选》中的书笺、《世说新语》、《陶渊明集》、《李太白集》、《花间集》、张惠言《词选》、《红楼梦》等等。在外国书里，我最喜欢济慈（Keats）、雪莱（Shelly）、柯尔律治（Coleridge）、布朗宁（Browning）诸人的诗集，索福克勒斯（Sophocles）的七悲剧，莎士比亚的《哈姆雷特》（*Shakespeare：Hamlet*）、《李尔王》（*King Lear*）和《奥瑟罗》（*Othello*），歌德的《浮士德》（*Goethe：Fasuts*），易卜生（Ibsen）的戏剧集，屠格涅夫（Turgenef）的《处女地》（*Virgin Soil*）和《父与子》（*Fathers and Children*），陀思妥耶夫斯基的《罪与罚》（*Dostoyevsky：Crime and Punishment*），福楼拜的《包法利夫人》（*Flaubert：Madame Bovary*），莫泊桑（Maupassant）的小说集，小泉八云（Lafcadio Hearn）关于日本的著作等等。如果我应北平京报副刊的征求，也许把这些古董洋货捧上，凑成“青年必读书十种”。但是我知道这是荒谬绝伦。所以我现在不敢答复你应读何书的问题。你如果要知道，你应该去请教你所知的专门学者，请他们各就自己所学范围以内指定三两种青年可读的书。你如果请一个人替你面面俱到的设想，比方他是学文学的人，他也许明知青年必读书应含有社会问题科学常识等等，而自己又没甚把握，姑且就他所知的一两种拉来凑数，你就像问道于盲了。同时，你要知道读书好比探险，也不能全靠别人指导，你自己也须得费些功夫去搜求。我从来没有听见有人按照别人替他定的“青年必读书十种”或“世界名著百种”读下去，便成就一个学者。别人只能介绍，抉择还要靠你自己。

关于读书方法。我不能多说，只有两点须在此约略提起。第一，凡值得读的书至少须读两遍。第一遍须快读，着眼在醒豁全篇大旨与特色。第二遍须慢读，须以批评态度衡量书的内容。第二，读过一本书，须笔记纲要和精彩的地方和你自己的意见。记笔记不但可以帮助你记忆，而且可以逼得你仔细，刺激你思考。记着这两点，其他琐细方法便用不着说。各人天资习惯不同，你用那种方法收效较大，我用那种方法收效较大，不是一概论的。你自己终久会找出你自己的方法，别人决不能给你一个方单，使你可以“依法炮制”。

你嫌这封信太冗长了罢？下次谈别的问题，我当力求简短。再会！

你的朋友　孟实

II · 02

谈动

烦恼忧虑过多，其实是智慧不够

朋友：

从屡次来信看，你的心境近来似乎很不宁静。烦恼究竟是一种暮气，是一种病态，你还是一个十八九岁的青年，就这样颓唐沮丧，我实在替你担忧。

一般人喜欢谈玄，你说烦恼，他便从“哲学辞典”里拖出“厌世主义”、“悲观哲学”等等堂哉皇哉的字样来叙你的病由。我不知道你感觉如何？我自己从前仿佛也尝过烦恼的况味，我只觉得忧来无方，不但人莫之知，连我自己也莫名其妙，哪里有所谓哲学与人生观！我也些微领过哲学家的教训：在心气和平时，我景仰希腊廊下派哲学者，相信人生当皈依自然，不当存有嗔喜贪恋；我景仰托尔斯泰，相信人生之美在宥与爱；我景仰布朗宁，相信世间有丑才能有美，不完全乃真完全；然而外感偶来，心波立涌，拿天大的哲学，也抵挡不住。这固然是由于缺乏修养，但是青年们有几个修养到“不动心”的地步呢？从前长辈们往往拿“应该不应该”的大道理向我说法。他们说，像我这样一个青年应该活泼泼的，不应该暮气沉沉的，应该努力做学问，不应该把自己的忧乐放在心头。谢谢罢，请留着这副“应该”的方剂，将来患烦恼的人还多呢！

朋友，我们都不过是自然的奴隶，要征服自然，只得服从自然。违反自然，烦恼才乘虚而入，要排解烦闷，也须得使你的自然冲动有机会发泄。人生来好动，好发展，好创造。能动，能发展，能创造，便是顺从自然，便能享受快乐，不动，不发展，不创造，便是摧残生机，便不免感觉烦恼。这种事实在流行语中就可以见出，我们感觉快乐时说“舒畅”，感觉不快乐时说“抑郁”。这两个字样可以用作形容词，也可以用作动词。用作形容词时，它们描写快或不快的状态；用作动词时，我们可以说它们说明快或不快的原因。你感觉烦恼，因为你的生机被抑郁；你要想快乐，须得使你的生机能舒畅，能宣泄。流行语中又有“闲愁”的字样，闲人大半易于发愁，就因为闲时生机静止而不舒畅。青年人比老年人易于发愁些，因为青年人的生机比较强旺。小孩子们的生机也很强旺，然而不知道愁苦，因为他们时时刻刻的游戏，所以他们的生机不至于被抑郁。小孩子们偶尔不很乐意，便放声大哭，哭过了气就消去。成人们感觉烦恼时也还要拘礼节，哪能由你放声大哭呢？黄连苦在心头，所以愈觉其苦。歌德少时因失恋而想自杀，幸而他的文机动了，埋头两礼拜著成一部《少年维特之烦恼》，书成了，他的气也泄了，自杀的念头也打消了。你发愁时并不一定要著书，你就读几篇哀歌，听一幕悲剧，借酒浇愁，也可以大畅胸怀。从前我很疑惑何以剧情愈悲而读之愈觉其快意，近来才悟得这个泄与郁的道理。

总之，愁生于郁，解愁的方法在泄；郁由于静止，求泄的方法在动。从前儒家讲心性的话，从近代心理学眼光看，都很粗疏，只有孟子的“尽性”一个主张，含义非常深广。一切道德学说都不免肤浅，如果不从“尽性”的基点出发。如果把“尽性”两字懂得透澈，我以为生活目的在此，生活方法也就在此。人性固然是复杂的，可是人是动物，基本性不外乎动。从动的中间我们可以寻出无限快感。这个道理我可以拿两种小事来印证：从前我住在家里，自己的书房总喜欢自己打扫。每看到书籍零乱，灰尘满地，你亲自去洒扫一过，霎时间混浊的世界变成明窗净几，此时悠然就座，游目骋怀，乃觉有不可言喻的快慰，再比方你自己是喜欢打网球的，当你起劲打球时，你还记得天地间有所谓烦恼么?

你大约记得晋人陶侃的故事。他老来罢官闲居，找不得事做，便去搬砖。晨间把一百块砖由斋里搬到斋外，暮间把一百块砖由斋外搬到斋里。人问其故，他说：“吾方致力中原，过尔优逸，恐不堪事。”他又尝对人说：“大禹圣人，乃惜寸阴，至于众人，当惜分阴。”其实惜阴何必定要搬砖，不过他老先生还很茁壮，借这个玩意儿多活动活动，免得抑郁无聊罢了。

朋友，闲愁最苦！愁来愁去，人生还是那么样一个人生，世界也还是那么样一个世界。假如把自己看得伟大，你对于烦恼，当有“不屑”的看待；假如把自己看得渺小，你对于烦恼当有“不值得”的看待；我劝你多打网球，多弹钢琴，多栽花木，多搬砖弄瓦。假如你不喜欢这些玩意儿，你就谈谈笑笑，跑跑跳跳，也是好的。就在此祝你谈谈笑笑，跑跑跳跳！

你的朋友　孟实

易庵

項易庵
蘭之生深林正以媚幽獨采作
中供人人眼鼻福胡為予高人
玩殊不賣三兩生毫端經營機在
展卷六七花鮮柔不忍觸神
自通靈嗅之如有馥誰欤近代
我為思鼎疑簡彩陳白陽輕
平姗　家珩

II

·

03

谈静

有趣的灵魂都有静气

朋友：

前信谈动，只说出一面真理。人生乐趣一半得之于活动，也还有一半得之于感受。所谓“感受”是被动的，是容许自然界事物感动我的感官和心灵。这两个字含义极广。眼见颜色，耳闻声音，是感受；见颜色而知其美，闻声音而知其和，也是感受。同一美颜，同一和声，而各个人所见到的美与和的程度又随天资境遇而不同。比方路边有一棵苍松，你看见它只觉得可以砍来造船；我见到它可以让人纳凉；旁人也许说它很宜于入画，或者说它是高风亮节的象征。再比方街上有一个乞丐，我只能见到他的蓬头垢面，觉得他很讨厌；你见他便发慈悲心，给他一个铜子；旁人见到他也许立刻发下宏愿，要打翻社会制度。这几个人反应不同，都由于感受力有强有弱。

世间天才之所以为天才，固然由于具有伟大的创造力，而他的感受力也分外比一般人强烈。比方诗人和美术家，你见不到的东西他能见到，你闻不到的东西他能闻到。麻木不仁的人就不然，你就请伯牙向他弹琴，他也只联想到棉匠弹棉花。感受也可以说是“领略”，不过领略只是感受的一方面。世界上最快活的人不仅是最活动的人，也是最能领略的人。所谓领略，就是能在生活中寻出趣味。好比喝茶，渴汉只管满口吞咽，会喝茶的人却一口一口的细啜，能领略其中风味。

能处处领略到趣味的人决不至于岑寂，也决不至于烦闷。朱子有一首诗说：“半亩方塘一鉴开，天光云影共徘徊，问渠哪得清如许？为有源头活水来。”这是一种绝美的境界。你姑且闭目一思索，把这幅图画印在脑里，然后假想这半亩方塘便是你自己的心，你看这首诗比拟人生苦乐多么惬当！一般人的生活干燥，只是因为他们的“半亩方塘”中没有天光云影，没有源头活水来，这源头活水便是领略得的趣味。

领略趣味的能力固然一半由于天资，一半也由于修养。大约静中比较容易见出趣味。物理上有一条定律说：两物不能同时并存于同一空间。这个定律在心理方面也可以说得通。一般人不能感受趣味，大半因为心地太忙，不空所以不灵。我所谓“静”，便是指心界的空灵，不是指物界的沉寂，物界永远不沉寂的。你的心境愈空灵，你愈不觉得物界沉寂，或者我还可以进一步说，你的心界愈空灵，你也愈不觉得物界喧嘈。所以习静并不必定要逃空谷，也不必定学佛家静坐参禅。静与闲也不同。许多闲人不必都能领略静中趣味，而能领略静中趣味的人，也不必定要闲。在百忙中，在尘市喧嚷中，你偶然丢开一切，悠然遐想，你心中便蓦然似有一道灵光闪烁，无穷妙悟便源源而来。这就是忙中静趣。

我这番话都是替两句人人知道的诗下注脚。这两句诗就是“万物静观皆自得，四时佳兴与人同”。大约诗人的领略力比一般人都要大。近来看周启孟的《雨天的书》引日本人小林一茶的一首俳句：

“不要打哪，苍蝇搓他的手，搓他的脚呢。”觉得这种情境真是幽美。你懂得这一句诗就懂得我所谓静趣。中国诗人到这种境界的也很多。

现在姑且就一时所想到的写几句给你看：

“鱼戏莲叶东，鱼戏莲叶西，鱼戏莲叶南，鱼戏莲叶北。”

——古诗，作者姓名佚

“山涤余霭，宇暧微霄。有风自南，翼彼新苗。”

——陶渊明《时运》

“采菊东篱下，悠然见南山。山气日夕佳，飞鸟相与还。”

——陶渊明《饮酒》

“目送飘鸿，手挥五弦。俯仰自得，游心太玄。”

——稽叔夜《送秀才从军》

“倚杖柴门外，临风听暮蝉。渡头余落日，墟里上孤烟。”

——王摩诘《赠裴迪》

像这一类描写静趣的诗，唐人五言绝句中最多。你只要仔细玩味，你便可以见到这个宇宙又有一种景象，为你平时所未见到的。梁任公的《饮冰室文集》里有一篇谈“烟士披里纯”，詹姆斯的《与教员学生谈话》（*James：Talks To Teachers and Students*）里面有三篇谈人生观，关于静趣都说得很透辟。可惜此时这两部书都不在手边，不能录几段出来给你看。你最好自己到图书馆里去查阅。詹姆斯的《与教员学生谈话》那三篇文章（最后三篇）尤其值得一读，记得我从前读这三篇文章，很受他感动。

静的修养不仅是可以使你领略趣味，对于求学处事都有极大帮助。释迦牟尼在菩提树荫静坐而证道的故事，你是知道的。古今许多伟大人物常能在仓皇扰乱中雍容应付事变，丝毫不觉张皇，就因为能镇静。现代生活忙碌，而青年人又多浮躁。你站在这潮流里，自然也难免跟着旁人乱嚷。不过忙里偶然偷闲，闹中偶然觅静，于身于心，都有极大裨益。你多在静中领略些趣味，不特你自己受用，就是你的朋友们看着你也快慰些。我生平不怕呆人，也不怕聪明过度的人，只是对着没有趣味的人，要勉强同他说应酬话，真是觉得苦也。你对着有趣味的人，你并不必多谈话，只是默然相对，心领神会，便可觉得朋友中间的无上至乐。你有时大概也发生同样感想罢？

眠食诸希珍重！

你的朋友　孟实

II

·

04

谈十字街头

在精力范围内，极求多方面发展

朋友：

岁暮天寒，得暇便围炉嘘烟遐想。今日偶然想到日本厨川白村的《出了象牙之塔》和《走向十字街头》两部书，觉得命名大可玩味。玩味之余，不觉发生一种反感。

所谓“走向十字街头”有两种解释。从前学士大夫好以清高名贵相尚，所以力求与世绝缘，冥心孤往。但是闭户读书的成就总难免空疏虚伪。近代哲学与文艺都逐渐趋向写实，于是大家都极力提倡与现实生活接触。世传苏格拉底把哲学从天上搬到地下，这是“走向十字街头”的一种意义。

学术思想是天下公物，须得流布人间，以求雅俗共赏。威廉·莫里斯和托尔斯泰所主张的艺术民众化，叔琴先生在《一般》诞生号中所主张的特殊的一般化，爱迪生所谓把哲学从课室图书馆搬到茶寮客座，这是“走向十字街头”的另一意义。

这两种意义都含有极大的真理。可是在这“德谟克拉西”呼声极高的时代，大家总不免忘记关于十字街头的另一面真理。

十字街头的空气中究竟含有许多腐败剂，学术思想出了象牙之塔到了十字街头以后，一般化的结果常不免流为俗化（vulgarized）。昨日的殉道者，今日或成为市场偶像，而真纯面目便不免因之污损了。到了市场而不成为偶像，成偶像而不至于破落，都是很难的事。老庄经过流俗化以后，其结果乃为白云观以静坐骗铜子的道士。易学经过流俗化以后，其结果乃为街头摆摊卖卜的江湖客。佛学经过流俗化以后，其结果乃为祈财求子的三姑六婆和秃头肥脑的蠢和尚。这都是世人所共见周知的。不必远说，且看西方科学哲学和文学落到时下一般打学者冒牌的人手里，弄得成何体统！

寂居文艺之宫，固然会像不流通的清水，终久要变成污浊恶臭的。可是十字街头的叫嚣，十字街头的尘粪，十字街头的挤眉弄眼，都处处引诱你汩没自我。臣门如市，臣心就决不能如水。名利声势虚伪刻薄肤浅欺侮等等字样，听起来多么刺耳朵，实际上谁能摆脱得净尽？所以站在十字街头的人们尤其是你我们青年——要时时戒备十字街头的危险，要时时回首瞻顾象牙之塔。

十字街头上握有最大权威的是习俗。习俗有两种，一为传说（Tradition），一为时尚（Fashion）。儒家的礼教，五芝斋的馄饨，是传说；新文化运动，四马路的新装，是时尚。传说尊旧，时尚趋新，新旧虽不同，而盲从附和，不假思索，则根本无二致。社会是专制的，是压迫的，是不容自我伸张的。比方九十九个人守贞节，你一个人偏要不贞，你固然是伤风败俗，大逆不道；可是如果九十九个人都是娼妓，你一个人偏要守贞节，你也会成为社会公敌，被人唾弃的。因此，苏格拉底所以饮鸩，伽利略所以被教会加罪，罗曼·罗兰、罗素所以在欧战期中被人谩骂。

本来风化习俗这件东西，孽虽造得不少，而为维持社会安宁计，却亦不能尽废。人与人相接触，问题就会发生。如果世界只有我，法律固为虚文，而道德也便无意义。人类须有法律道德维持，固足证其顽劣；然而人类既顽劣，道德法律也就不能勾消。所以老庄上德不德绝圣弃智的主张，理想虽高，而究不适于顽劣的人类社会。

习俗对于维持社会安宁，自有相当价值，我们是不能否认的。可是以维持安宁为社会唯一目的，则未免大错特错。习俗是守旧的，而社会则须时时翻新，才能增长滋大，所以习俗有不时打破的必要。人是一种贱动物，只好模仿因袭，不乐改革创造。所以维持固有的风化，用不着你费力。你让它去，世间自有一般庸人懒人去担心。可是要打破一种习俗，却不是一件易事。物理学上仿佛有一条定律说，凡物既静，不加力不动。而所加的力必比静物的惰力大，才能使它动。打破习俗，你须以一二人之力，抵抗千万人之惰力，所以非有雷霆万钧的力量不可。因此，习俗的背叛者比习俗的顺从者较为难能可贵，从历史看社会进化，都是靠着几个站在十字街头而能向十字街头宣战的人。这般人的报酬往往不是十字架，就是断头台。可是世间只有他们才是不朽，倘若世界没有他们这些殉道者，人类早已为乌烟瘴气闷死了。

一种社会所最可怕的不是民众肤浅顽劣，因为民众通常都是肤浅顽劣的。它所最可怕的是没有在肤浅卑劣的环境中而能不肤浅不卑劣的人。比方英国民众就是很沉滞顽劣的，然而在这种沉滞顽劣的社会中，偶尔跳出一二个性坚强的人，如雪莱、卡莱尔、罗素等，其特立独行的胆与识，却非其他民族所可多得。这是英国人力量所在的地方。路易·狄更生尝批评日本，说她是一个没有柏拉图和亚里士多德的希腊，所以不能造伟大的境界。据生物学家说，物竞天择的结果不能产生新种，须经突变（sports）。所谓突变，是指不像同种的新裔。社会也是如此，它能否生长滋大，就看它有无突变式的分子；换句话说，就看十字街头的矮人群中有没有几个大汉。

说到这点，我不能不替我们中国人汗颜了。处人胯下的印度还有一位泰戈尔和一位甘地，而中国满街只是一些打冒牌的学者和打冒牌的社会运动家。强者皇然叫嚣，弱者随声附和，旧者盲从传说，新者盲从时尚，相习成风，每况愈下，而社会之浮浅顽劣虚伪酷毒，乃日不可收拾。在这个当儿，站在十字街头的我们青年怎能免彷徨失措？朋友，昔人临歧而哭，假如你看清你面前的险径，你会心寒胆裂哟！围着你的全是肤浅顽劣虚伪酷毒，你只有两种应付方法：你只有和它冲突，要不然，就和它妥洽。在现时这种状况之下，冲突就是烦恼，妥洽就是堕落。无论走哪一条路，结果都是悲剧。

但是，朋友，你我正不必因此颓丧！假如我们的力量够，冲突结果，也许是战胜。让我们相信世界达真理之路只有自由思想，让我们时时记着十字街头肤浅虚伪的传说和时尚都是真理路上的障碍，让我们本着少年的勇气把一切市场偶像打得粉碎！

最后，打破偶像，也并非鲁莽叫嚣所可了事。鲁莽叫嚣还是十字街头的特色，是肤浅卑劣的表征。我们要能于叫嚣扰攘中：以冷静态度，灼见世弊；以深沉思考，规划方略；以坚强意志，征服障碍。总而言之，我们要自由伸张自我，不要汩没在十字街头的影响里去。

朋友，让我们一齐努力罢！

你的朋友　孟实

II·05

谈多元宇宙

愿青年应该懂得恋爱的神圣

朋友：

你看到“多元宇宙”这个名词，也许联想到詹姆斯的哲学名著。但是你不用害怕我谈玄，你知道我是一个不懂哲学而且厌听哲学的人。今天也只是吃家常便饭似的，随便谈谈，与詹姆斯毫无关系。

年假中朋友们来闲谈，“言不及义”的时候，动辄牵涉到恋爱问题。各人见解不同，而我所援以辩护恋爱的便是我所谓“多元宇宙”。

什么叫作“多元宇宙”呢？

人生是多方面的，每方面如果发展到极点，都自有其特殊宇宙和特殊价值标准。我们不能以甲宇宙中的标准，测量乙宇宙中的价值。如果勉强以甲宇宙中的标准，测量乙宇宙中的价值，则乙宇宙便失其独立性，而只在乙宇宙中可尽量发展的那一部分性格便不免退处于无形。

各人资禀经验不同，而所见到的宇宙，其种类多寡，量积大小，也不一致。一般人所以为最切己而最推重的是“道德的宇宙”。“道德的宇宙”是与社会俱生的。如果世间只有我，“道德的宇宙”便不能成立。比方没有父母，便无孝慈可言，没有亲友，便无信义可言。人与人相接触以后，然后道德的需要便因之而起。人是社会的动物，而同时又秉有反社会的天性。想调剂社会的需要与利己的欲望，人与人之间的关系不能不有法律道德为之维护。因有法律存在，我不能以利己欲望妨害他人，他人也不能以利己欲望妨害我，于是彼此乃宴然相安。因有道德存在，我尽心竭力以使他人享受幸福，他人也尽心竭力以使我享受幸福，于是彼此乃欢然同乐，社会中种种成文的礼法和默认的信条都是根据这个基本原理。服从这种礼法和信条便是善，破坏这种礼法和信条便是恶。善恶便是“道德的宇宙”中的价值标准。

我们既为社会中人，享受社会所赋予的权利，便不能不对于社会负有相当义务，不能不趋善避恶，以求达到“道德的宇宙”的价值标准的最高点。在“道德的宇宙”中，如果能登峰造极，也自能实现伟大的自我，孔子、苏格拉底和耶稣诸人的风范所以照耀千古。

但是“道德的宇宙”决不是人生唯一的宇宙，而善恶也决不能算是一切价值的标准，这是我们中国人往往忽略的道理。

比方在“科学的宇宙”中，善恶便不是合适的价值标准。“科学的宇宙”中的适当价值标准只是真伪。科学家只问：我的定律是否合于事实？这个结论是否没有讹错？他们决问不到：“物体向地心下坠”合乎道德吗？“勾方加股方等于弦方”有些不仁不义罢？固然“科学的宇宙”也有时和“道德的宇宙”相抵触。但是科学家只当心真理而不顾社会信条。伽利略宣传哥白尼地动说，达尔文主张生物是进化而不是神造的，就教会眼光看，他们都是不道德的，因为他们直接的辩驳圣经，间接的摇动宗教和它的道德信条。可是伽利略和达尔文是“科学的宇宙”中的人物，从“道德的宇宙”所发出来的命令，他们则不敢奉命唯谨。科学家的这种独立自由的态度到现代更渐趋明显。比方伦理学从前是指导行为的规范科学，而近来却都逐渐向纯粹科学的路上走，它们的问题也逐渐由“应该或不应该如此？”变为“实在是如此或不如此？”了。

其次，“美术的宇宙”也是自由独立的。美术的价值标准既不是是非，也不是善恶，只是美丑。从希腊以来，学者对于美术有三种不同的见解。一派以为美术含有道德的教训，可以陶冶性情。一派以为美术的最大功用只在供人享乐。第三派则折衷两说，以为美术既是教人道德的，又是供人享乐的。好比药丸加上糖衣，吃下去又甜又受用。这三种学说在近代都已被人推翻了。现代美术家只是“为美术而言美术”（art for art's sake）。意大利美学泰斗克罗齐并且说美和善是绝对不能混为一谈的。因为道德行为都是起于意志，而美术品只是直觉得来的意象，无关意志，所以无关道德。这并非说美术是不道德的，美术既非“道德的”，也非“不道德的”，它只是“超道德的”。说一个幻想是道德的，或者说一幅画是不道德的，是无异于说一个方形是道德的，或者说一个三角形是不道德的，同为毫无意义。美术家最大的使命求创造一种意境，而意境必须超脱现实。我们可以说，在美术方面，不能“脱实”便是不能“脱俗”。因此，从“道德的宇宙”中的标准看，曹操、阮大铖、李波·李披（Fra Lippo Lippi）和拜伦一般人都不是圣贤，而从“美术的宇宙”中的标准看，这些人都不失其为大诗家或大画家。

再其次，我以为恋爱也是自成一个宇宙，在“恋爱的宇宙”里，我们只能问某人之爱某人是否真纯，不能问某人之爱某人是否应该。其实就是只“应该不应该”的问题，恋爱也是不能打消的。从生物学观点看，生殖对于种族为重大的利益，而对于个体则为重大的牺牲。带有重大的牺牲，不能不兼有重大的引诱，所以性欲本能在诸本能中最为强烈。我们可以说，人应该生存，应该绵延种族，所以应该恋爱。但是这番话仍然是站在“道德的宇宙”中说的，在“恋爱的宇宙”中，恋爱不是这样机械的东西，它是至上的，神圣的，含有无穷奥秘的。在恋爱的状态中，两人脉搏的一起一落，两人心灵一往一复，都恰能忻合无间。在这种境界，如果身家财产学业名誉道德等等观念渗入一分，则恋爱真纯的程度便须减少一分。真能恋爱的人只是为恋爱而恋爱，恋爱以外，不复另有宇宙。

“恋爱的宇宙”和“道德的宇宙”虽不必定要不能相容，而在实际上往往互相冲突。恋爱和道德相冲突时，我们既不能两全，应该牺牲恋爱呢，还是牺牲道德呢？道德家说，道德至上，应牺牲恋爱。爱伦凯一般人说，恋爱至上，应牺牲道德。就我看，这所谓“道德至上”与“恋爱至上”都未免笼统。我们应该加上形容句子说，在“道德的宇宙”中道德至上，在“恋爱的宇宙”中恋爱至上。所以遇着恋爱和道德相冲突时，社会本其“道德的宇宙”的标准，对于恋爱者大肆其攻击诋毁，是分所应有的事，因为不如此则社会赖以维持的道德难免隳丧；而恋爱者整个的酣醉于“恋爱的宇宙”里，毅然不顾一切，也是分所应有的事，因为不如此则恋爱不真纯。

“恋爱的宇宙”中，往往也可以表现出最伟大的人格。我时常想，能够恨人极点的人和能够爱人极点的人都不是庸人。日本民族是一个有生气的民族，因他们中间有人能够以嫌怨杀人，有人能够为恋爱自杀。我们中国人随在都讲“中庸”，恋爱也只能达到温汤热。所以为恋爱而受社会攻击的人，立刻就登报自辩。这不能不算是根性浅薄的表征。

朋友，我每次写信给你都写到第六张信笺为止。今天已写完第六张信笺了，可是如果就在此搁笔，恐怕不免叫人误解，让我在收尾时郑重声明一句罢。恋爱是至上的，是神圣的，所以也是最难遭遇的。“道德的宇宙”里真正的圣贤少，“科学的宇宙”里绝对真理不易得，“美术的宇宙”里完美的作家寥寥，“恋爱的宇宙”里真正的恋爱人更是凤毛麟角。恋爱是人格的交感共鸣，所以恋爱真纯的程度以人格高下为准。一般人误解恋爱，动于一时飘忽的性欲冲动而发生婚姻关系，境过则情迁，色衰则爱弛，这虽是冒名恋爱，实则只是纵欲。我为真正恋爱辩护，我却不愿为纵欲辩护；我愿青年应该懂得恋爱神圣，我却不愿青年在血气未定的时候，去盲目地假恋爱之名寻求泄欲。

意长纸短，你大概已经懂得我的主张了罢？

你的朋友　孟实

II · 06

谈作文

好文章是可以练习的

朋友：

我们对于许多事，自己愈不会做，愈望朋友做得好。我生平最大憾事就是对于美术和运动都一无所长。幼时薄视艺事为小技，此时亦偶发宏愿去学习，终苦于心劳力拙，怏怏然废去。所以每遇年幼好友，就劝他趁早学一种音乐，学一项运动。

其次，我极羡慕他人做得好文章。每读到一种好作品，看见自己所久想说出而说不出的话，被他人轻轻易易地说出来了，一方面固然以作者“先获我心”为快，而另一方面也不免心怀惭愧，惟其惭愧，所以每遇年幼好友，也苦口劝他练习作文，虽然明明知道人家会奚落我说：“你这样起劲谈作文，你自己的文章就做得‘蹩脚！’”

文章是可以练习的么？迷信天才的人自然嗤着鼻子这样问。但是在一切艺术里，天资和人力都不可偏废。古今许多第一流作者大半都经过刻苦的推敲揣摩的训练。法国福楼拜尝费三个月的功夫做成一句文章；莫泊桑尝登门请教，福楼拜叫他把十年辛苦成就的稿本付之一炬，从新起首学描实境。我们读莫泊桑那样的极自然极轻巧极流利的小说，谁想到他的文字也是费功夫作出来的呢？我近来看见两段文章，觉得是青年作者应该悬为座右铭的，写在下面给你看看：

一段是从托尔斯泰的儿子Count Ilya Tolstoy所做的《回想录》（Reminiscences）里面译出来的，这段记载托尔斯泰著《安娜·卡列尼娜》（Anna Karenina）修稿时的情形。他说：“《安娜·卡列尼娜》初登俄报Vyetnik时，底页都须寄吾父亲自己校对。他起初在纸边加印刷符号如删削句读等。继而改字，继而改句，继而又大加增删，到最后，那张底页便成百孔千疮，糊涂得不可辨识。幸吾母尚能认清他的习用符号以及更改增删。她尝终夜不眠替吾父誊清改过底页。次晨，她便把他很整洁的清稿摆在桌上，预备他下来拿去付邮。吾父把这清稿又拿到书房里去看‘最后一遍’，到晚间这清稿又重新涂改过，比原来那张底页要更加糊涂，吾母只得再抄一遍。他很不安地向吾母道歉。‘松雅吾爱，真对不起你，我又把你誊的稿子弄糟了。我再不改了。明天一定发出去。’但是明天之后又有明天。有时甚至于延迟几礼拜或几月。他总是说，‘还有一处要再看一下’，于是把稿子再拿去改过。再誊清一遍。有时稿子已发出了，吾父忽然想到还要改几个字，便打电报去吩咐报馆替他改。”

你看托尔斯泰对文字多么谨慎，多么不惮烦！此外小泉八云给张伯伦教授（Prof. Chamberlain）的信也有一段很好的自白，他说：“……题目择定，我先不去运思，因为恐怕易生厌倦。我作文只是整理笔记。我不管层次，把最得意的一部分先急忙地信笔写下。写好了，便把稿子丢开，去做其他较适宜的工作。到第二天，我再把昨天所写的稿子读一遍，仔细改过，再从头至尾誊清一遍，在誊清中，新的意思自然源源而来，错误也呈现了，改正了。于是我又把他搁起，再过一天，我又修改第三遍。这一次是最重要的，结果总比原稿大有进步，可是还不能说完善。我再拿一片干净纸作最后的誊清，有时须誊两遍。经过这四五次修改以后，全篇的意思自然各归其所，而风格也就改定妥帖了。”

小泉八云以美文著名，我们读他这封信，才知道他的成功秘诀。一般人也许以为这样咬文嚼字近于迂腐。在青年心目中，这种训练尤其不合胃口。他们总以为能倚马千言不加点窜的才算好角色。这种念头不知误尽多少苍生？在艺术田地里比在道德田地里，我们尤其要讲良心。稍有苟且，便不忠实。听说印度的甘地主办一种报纸，每逢作文之先，必斋戒静坐沉思一日夜然后动笔。我们以文字骗饭吃的人们对此能不愧死么？

文章像其他艺术一样，“神而明之，存乎其人”，精微奥妙都不可言传，所可言传的全是糟粕。不过初学作文也应该认清路径，而这种路径是不难指点的。

学文如学画，学画可临帖，又可写生。在这两条路中间，写生自然较为重要。可是临帖也不可一笔勾销，笔法和意境在初学时总须从临帖中领会。从前中国文人学文大半全用临帖法。每人总须读过几百篇或几千篇名著，揣摩呻吟，至能背诵，然后执笔为文，手腕自然纯熟。欧洲文人虽亦重读书，而近代第一流作者大半由写生入手。莫泊桑初请教于福楼拜，福楼拜叫他描写一百个不同的面孔。霸若因为要描写吉卜赛野人生活，便自己去和他们同住，可是这并非说他们完全不临帖。许多第一流作者起初都经过模仿的阶段。莎士比亚起初模仿英国旧戏剧作者。布朗宁起初模仿雪莱。陀思妥耶夫斯基和许多俄国小说家都模仿雨果。我以为向一般人说法，临帖和写生都不可偏废。所谓临帖在多读书。中国现当新旧交替时代，一般青年颇苦无书可读。新作品寥寥有数，而旧书又受复古反动影响，为新文学家所不乐道。其实东烘学究之厌恶新小说和白话诗，和新文学运动者之攻击读经和念古诗文，都是偏见。文学上只有好坏的分别，没有新旧的分别。青年们读新书已成时髦，用不着再提倡，我只劝有闲功夫有好兴致的人对于旧书也不妨去读读看。

读书只是一步预备的功夫，真正学作文，还要特别注意写生。要写生，须勤做描写文和记叙文。中国国文教员们常埋怨学生们不会做议论文。我以为这并不算奇怪。中学生的理解和知识大半都很贫弱，胸中没有议论，何能做得出议论文？许多国文教员们叫学生入手就做议论文，这是没有脱去科举时代的陋习。初学作议论文是容易走入空疏俗滥的路上去。我以为初学作文应该从描写文和记叙文入手，这两种文做好了，议论文是很容易办的。

这封信只就一时见到的几点说说。如果你想对于作文方法还要多知道一点，我劝你看看夏丏尊和刘薰宇两先生合著的《文章做法》。这本书有许多很精当的实例，对于初学是很有用的。

你的朋友　孟实

II · 07

谈情与理

应该受情感还是理智支配

朋友：

去年张东荪先生在《东方杂志》发表过两篇论文，讨论兽性问题，并提出理智救国的主张。今年李石岑先生和杜亚泉先生也为着同样问题，在《一般》上起过一番辩论。一言以蔽之，他们的争点是：我们的生活应该受理智支配呢？还是应该受感情支配呢？张杜两先生都是理智的辩护者，而李先生则私淑尼采，对于理智颇肆抨击。我自己在生活方面，尝感着情与理的冲突。近来稍涉猎文学哲学，又发见现代思潮的激变，也由这个冲突发轫。屡次手痒，想做一篇长文，推论情与理在生活与文化上的位置，因为牵涉过广，终于搁笔。在私人通信中大题不妨小做，而且这个问题也是青年急宜了解的，所以趁这次机会，粗陈鄙见。

科学家讨论事理，对于规范与事实，辨别极严。规范是应然，是以人的意志定出一种法则来支配人类生活的。事实是实然的，是受自然法则支配的。比方伦理、教育、政治、法律、经济各种学问都侧重规范，数、理化各种学问都侧重事实。规范虽和事实不同，而却不能不根据事实。比方在教育学中，“自由发展个性”是一种规范，而根据的是儿童心理学中的事实；在马克思派经济学中，“阶级斗争”和“劳工专政”都是规范，而“剩余价值”律和“人口过剩”律是他所根据的事实。但是一般人制定规范，往往不根据事实而根据自己的希望。不知人的希望和自然界的事实常不相侔，而规范是应该限于事实的。规范倘若不根据事实，则不特不能实现，而且漫无意义。比方在事实上二加二等于四，而人的希望往往超过事实，硬想二加二等于五。既以为二加二等于五是很好的，便硬定“二加二应该等于五”的规范，这岂不是梦语？

我所以不满意张东荪、杜亚泉诸先生的学说者，就因为他们既没有把规范和事实分别清楚，而又想离开事实，只凭自家理想去订规范。他们想把理智抬举到万能的地位，而不问在事实上理智是否万能；他们只主张理智应该支配一切生活，而不考究生活是否完全可以理智支配。我很奇怪张先生以柏格森的翻译者而抬举理智，我尤其奇怪杜先生想从哲学和心理学的观点去抨击李先生，而不知李先生的学说得自尼采，又不知他自己所根据的心理学早已陈死。

只论事实，世界文化和个人生活果能顺着理智所指的路径前进么？现代哲学和心理学对于这个问题所给的答案是否定的。

哲学家怎么说呢？现代哲学的主要潮流可以说主要是十八世纪理智主义的反动。自尼采、叔本华以至于柏格森，没有人不看透理智的威权是不实在的。依现代哲学家看，宇宙的生命，社会的生命，和个体的生命都只有目的而无先见（purposive without foresight）。所谓有目的，是说生命是有归宿的，是向某固定方向前进的。所谓无先见，是说在某归宿之先，生命不能自己预知归宿何所。比方母鸡孵卵，其目的在产小鸡，而这个目的却不必预存于母鸡的意识中。理智就是先见，生命不受先见支配，所以不受理智支配。这是现代哲学上一种主要思潮，而这个思潮在政治思想上演出两个相反的结论。其一为英国保守派政治哲学。他们说，理智既不能左右社会生命，所以我们应该让一切现行制度依旧存在，它们自己会变好，不用人费力去筹划改革。其一为法国行会主义（syndicalism）。这派激烈分子说，现行制度已经够坏了，把它们打破以后，任它们自己变去，纵然没有理智产生的建设方略，也决不会有比现在更坏的制度发现出来。无论你相信哪一说，理智都不是万能的。

在心理学方面，理智主义的反动尤其激烈。这种反动有两个大的倾向。第一个倾向是由边沁的享乐主义（hedonism）转到麦独孤的动原主义（homic theory）。享乐派心理学者以为一切行为都不外寻求快感与避免痛感。快感与痛感就是行为的动机。吾人心中预存何者发生快感何者发生痛感的计算，而后才有寻求与避免的行为。换句话说，行为是理智的产品，而理智所去取，则以感觉之快与不快为标准。这种学说在十八十九两世纪颇盛行，到了现代，因为受麦独孤心理学者的攻击，已成体无完肤。依麦独孤派学者看，享乐主义误在倒果为因。快感与痛感是行为的结果，不是行为的动机，动作顺利，于是生快感，动作受阻碍，于是生痛感；在动作未发生之前，吾人心中实未曾运用理智，预期快感如何寻求，痛感如何避免。行为的原动力是本能与情绪，不是理智。这个道理麦独孤在他的《社会心理学》里说得很精辟。

心理学上第二个反理智的倾向是弗洛伊德派的隐意识心理学。依这派学者看，心好比大海，意识好比海面浮着的冰山，其余汪洋深湛的统是隐意识。意识在心理中所占位置甚小，而理智在意识中所占位置又甚小，所以理智的能力是极微末的，通常所谓理智，大半是理性化（rationalisation）的结果，理智之来，常不在行为未发生之前，而在行为已发生之后。行为之发生，大半由隐意识中的情意综（complexes）主持。吾人于事后须得解释辩护，于是才找出种种理由来。这便是理性化。比方一个人钟爱一个女子，天天不由自主地走到她的寓所左右。而他自己所能举出的理由只不外“去看报纸”，“去访她哥哥”，“去看那棵柳树今天开了几片新叶”一类的话。照这样说，不特理智不易驾驭感情，而理智自身也不过是感情的变相。维护理智的人喜用弗洛伊德的升华说（sublimation）做护身符，不知所谓升华大半还是隐意识作用，其中情的成分比理的成分更加重要。

总观以上各点，我们可以知道在事实上理智支配生活的能力是极微末，极薄弱的，尊理智抑感情的人在思想上是开倒车，是想由现世纪回到十八世纪。开倒车固然不一定就是坏，可是要开倒车的人应该先证明现代哲学和心理学是错误的。不然，我们决难悦服。

更进一步，我们姑且丢开理智是否确能支配情感的问题，而衡量理智的生活是否确比情感的生活价值来得高。迷信理智的人不特假定理智能支配生活，而且假定理智的生活是尽善尽美的。第一个假定，我们已经知道，是与现代哲学和心理学相矛盾的。现在我们来研究第二个假定。

第一，我们应该知道理智的生活是很狭隘的。如果纯任理智，则美术对于生活无意义，因为离开情感，音乐只是空气的震动，图画只是涂着颜色的纸，文学只是联串起来的字。如果纯任理智，则宗教对于生活无意义，因为离开情感，自然没有神奇，而冥感灵通全是迷信。如果纯任理智，则爱对于人生也无意义，因为离开情感，男女的结合只是为着生殖。我们试想生活中无美术，无宗教（我是指宗教的狂热的情感与坚决信仰），无爱情，还有什么意义？记得几年前有一位学生物学的朋友在《学灯》上发表一篇文章，说穷到究竟，人生只不过是吃饭与交媾。他的题目我一时记不起，仿佛是“悲”“哀”一类的字。专从理智着想，他的话是千真万确的。但是他忘记了人是有感情的动物。有了感情，这个世界便另是一个世界，而这个人生便另是一个人生，决不是吃饭交媾就可以了事的。

第二，我们应该知道理智的生活是很冷酷的，很刻薄寡恩的。理智指示我们应该做的事甚多，而我们实在做到的还不及百分之一。所做到的那百分之一大半全是由于有情感在后面驱遣。比方我天天看见很可怜的乞丐，理智也天天提醒我赈济困穷的道理，可是除非我心中怜悯的情感触动时，我百回就有九十九回不肯掏腰包。前几天听见一位国学家投河的消息，和朋友们谈，大家都觉得他太傻。他固然是傻，可是世间有许多事项得有几分傻气的人才能去做。纯信理智的人天天都打计算，有许多不利于己的事他决不肯去做的。历史上许多侠烈的事迹都是情感的而不是理智的。

人类如要完全信任理智，则不特人生趣味剥削无余，而道德亦必流为下品。严密说起，纯任理智的世界中只能有法律而不能有道德。纯任理智的人纵然也说道德，可是他们的道德是问理的道德（morality according to principle），而不是问心的道德（morality according to heart）。问理的道德迫于外力，问心的道德激于衷情，问理而不问心的道德，只能给人类以束缚而不能给人类以幸福。

比方中国人所认为百善之首的“孝”，就可以当作问理的道德，也可以当作问心的道德。如果单讲理智，父母对于子女不能居功，而子女对于父母便不必言孝。这个道理胡适之先生在《答汪长禄书》里说得很透辟。他说：

“‘父母于子无恩’的话，从王充孔融以来，也很久了。……今年我自己生了一个儿子，我才想到这个问题上去。我想这个孩子自己并不曾自由主张要生在我家，我们做父母的也不曾得他的同意，就糊里糊涂地给他一条生命，况且我们也并不曾有意送给他这条生命。我们既无意，如何能居功？……我们生一个儿子，就好比替他种了祸根，又替社会种了祸根。……所以我们教他养他，只是我们减轻罪过的法子。……这可以说是恩典吗？”因此，胡先生不赞成把“儿子孝顺父母”列为一种“信条”。

胡先生所以得此结论，是假定孝只是一种报酬，只是一种问理的道德。把孝当作这样解释，我也不赞成把它“列为一种信条”。但是我们要知道真孝并不是一种报酬，并不是借债还息。孝只是一种爱，而凡爱都是以心感心，以情动情，决不像做生意买卖，时时抓住算盘子，计算你给我二五，我应该报酬你一十。换句话说，孝是情感的，不是理智的。世间有许多慈母，不惜牺牲一切，以养护她的婴儿；世间也有许多婴儿，无论到了怎样困穷忧戚的境遇，总可以把头埋在母亲的怀里，得那不能在别处得到的保护与安慰。这就是孝的起源，这也就是一切爱的起源。这种孝全是激于至诚的，是我所谓问心的道德。

孝不是一种报酬，所以不是一种义务，把孝看成一种义务，于是“孝”就由问心的道德降而为问理的道德了。许多人“孝顺”父母，并不是因为激于情感，只因为他想凡是儿子都须得孝顺父母，才成体统。礼至而情不至，孝的意义本已丧失。儒家想因存礼以存情，于是孝变成一种虚文。像胡先生所说，“无论怎样不孝的人，一穿上麻衣，戴上高梁冠，拿着哭丧棒，人家就赞他做‘孝子’了”。近人非孝，也是从理智着眼，把孝看作一种债息。其实与儒家末流犯同一毛病。问理的孝可非而问心的孝是不可非的。

孝不过是许多事例中之一种。其他一切道德也都可以有问心的和问理的分别。问理的道德虽亦不可少，而衡其价值，则在问心的道德之下。孔子讲道德注重仁字，孟子讲道德注重义字，仁比义更有价值，是孔门学者所公认的。仁就是问心的道德，义就是问理的道德。宋儒注仁义两个字说：“仁者心之德，义者事之宜。”这是很精确的。

我说了这许多话，可以一言以蔽之，仁胜于义，问心的道德胜于问理的道德，所以情感的生活胜于理智的生活。生活是多方面的，我们不但要能够知（know），我们更要能够感（feel）。理智的生活只是片面的生活。理智没有多大能力去支配情感，纵使理智能支配情感，而理胜于情的生活和文化都不是理想的。

我对于这个问题还有许多的话，在这封信里只能言不尽意，待将来再说。

你的朋友　孟实

II

·

08

谈摆脱

如何免除人生悲剧的发生？

朋友：

近来研究黑格尔（Hegel）讨论悲剧的文章，有时拿他的学说来印证实际生活，颇觉欣然有会意。许久没有写信给你，现在就拿这点道理作谈料。

黑格尔对于古今悲剧，最推尊希腊索福克勒斯（Sophocles）的《安提戈涅》（*Antigone*）。安提戈涅的哥哥因为争王位，借重敌国的兵攻击他自己的祖国忒拜，他在战场上被打死了。忒拜新王克瑞翁（Creon）悬令，如有人敢收葬他，便处死罪，因为他是一个国贼。安提戈涅很像中国的聂嫈，毅然不避死刑，把她哥哥的尸骨收葬了。安提戈涅又是和克瑞翁的儿子海蒙（Haemon）订过婚的，她被绞以后，海蒙痛恨她，也自杀了。

黑格尔以为凡悲剧都生于两理想的冲突，而安提戈涅是最好的实例。就克瑞翁说，做国王的职责和做父亲的职责相冲突。就安提戈涅说，做国民的职责和做妹妹的职责相冲突。就海蒙说，做儿子的职责和做情人的职责相冲突。因此冲突，故三方面结果都是悲剧。

黑格尔只是论文学，其实推广一点说，人生又何尝不是一种理想的冲突场？不过实在界和舞台有一点不同，舞台上的悲剧生于冲突之得解决，而人生的悲剧则多生于冲突之不得解决。生命途程上的歧路尽管千差万别，而实际上只有一条路可走，有所取必有所舍，这是自然的道理。世间有许多人站在歧路上只徘徊顾虑，既不肯有所舍，便不能有所取。世间也有许多人既走上这一条路，又念念不忘那一条路。结果也不免差误时光。“鱼我所欲，熊掌亦我所欲，二者不可得兼，舍鱼而取熊掌可也。”有这样果决，悲剧决不会发生。悲剧之发生就在既不肯舍鱼，又不肯舍熊掌，只在那儿垂涎打算盘。这个道理我可以举几个实例来说明：

“禾”是一个大学生，很好文学，而他那一班的功课有簿记、有法律，都是他所厌恶的。他每见到我便愁眉蹙额地说：“真是无聊！天天只是预备考试！天天只是读这些没有意味的课本！”我告诉他，“你既不喜欢那些东西，便把它们丢开就是了。”他说：“既然花了家里的钱进学堂，总得要勉强敷衍考试才是。”我说：“你要敷衍考试，就敷衍考试是了。”然而他天天嫌恶考试，天天又在那儿预备考试。

我有一个幼时的同学恋爱了一个女子。他的家庭极力阻止他。他每次来信都向我诉苦。我去信告诉他说，“你既然爱她，便毅然不顾一切去爱她就是了。”他又说：“家庭骨肉的恩爱就能够这样恝然置之么？”我回复他说：“事既不能两全，你便应该趁早疏绝她。”但是他到现在还是犹豫不知所可，还是照旧叫苦。

“禹”也是一个旧相识。他在衙门里充当一个小差事。他很能做文章，家里虽不丰裕，也还不至于没有饭吃。衙门里案牍和他的脾胃不很合，而且妨碍他著述。他时常觉得他的生活没有意味，和我谈心时，不是说："嗳，如果我不要就这个事，这本稿子久已写成了。"就是说："这事简直不是人干的，我回家陪妻子吃糙米饭去了！"像这样的话我也不知道听他说过多少回数，但是他还是依旧风雨无阻地去应卯。

这些朋友的毛病都不在"见不到"而在"摆脱不开"。"摆脱不开"便是人生悲剧的起源。畏首畏尾，徘徊歧路，心境既多苦痛，而事业也不能成就。许多人的生命都是这样模模糊糊地过去的。要免除这种人生悲剧，第一须要"摆脱得开"。消极说是"摆脱得开"，积极说便是"提得起"，便是"抓得住"。认定一个目标，便专心致志地向那里走，其余一切都置之度外，这是成功的秘诀，也是免除烦恼的秘诀。现在姑且举几个实例来说明我所谓"摆脱得开"。

释迦牟尼当太子时，乘车出游，看到生老病死的苦状，便恍然解悟人生虚幻，把慈父娇妻爱子和王位一齐抛开，深夜遁入深山，静坐菩提树下，冥心默想解脱人类罪苦的方法。这是古今第一个知道摆脱的人。其次如苏格拉底，如耶稣，如屈原，如文天祥，为保持人格而从容就死，能摆脱开一般人所摆脱不开的生活欲，也很可以廉顽立懦。再其次如希腊第欧根尼提倡克欲哲学，除一个饮水的杯子和一个盘坐的桶子以外，身旁别无长物，一日见童子用手捧水喝，他便把饮水的杯子也掷碎。犹太斯宾诺莎学说与犹太教义不合，犹太教徒行贿不遂，把他驱逐出籍，他以后便专靠磨镜过活。他在当时是欧洲第一个大哲学家，海得堡大学请他去当哲学教授，他说："我还是磨我的镜子比较自由"，所以谢绝教授的位置。这是能为真理为学问摆脱一切的。卓文君逃开富家的安适，去陪司马相如当垆卖酒，是能为恋爱摆脱一切的。张翰在齐做大司马东曹掾，一天看见秋风乍起，想起吴中菰菜莼羹鲈鱼脍，立刻就弃官归里。陶渊明做彭泽令，不愿束带见督邮，向县吏说："我岂能为五斗米折腰向乡里小儿！"立即解绶辞官。这是能摆脱禄位以行吾心所安的。英国小说家司各特早年颇致力于诗，后读拜伦著作，知道自己在诗的方面不能有大成就，便丢开音律专去做他的小说。这是能为某一种学问而摆脱开其他学问之引诱的。孟敏堕甑，不顾而去。郭林宗问他的缘故，他回答说：“甑已碎，顾之何益？”这是能摆脱过去失败的。

斯蒂文森论文，说文章之术在知遗漏（the art of omitting），其实不独文章如是，生活也要知所遗漏。我幼时，有一位最敬爱的国文教师看出我不知摆脱的毛病，尝在我的课卷后面加这样的批语：“长枪短戟，用各不同，但精其一，已足制胜，汝才有偏向，姑发展其所长，不必广心博骛也。”十年以来，说了许多废话，看了许多废书，做了许多不中用的事，走了许多没有目标的路，多尝试，少成功，回忆师训，殊觉赧然，冷眼观察，世间像我这样暗中摸索的人正亦不少。大节固不用说，请问街头那纷纷群众忙的为什么？为什么天天做明知其无聊的工作，说明知其无聊的话，和明知其无聊的朋友假意周旋？在我看来，这都由于“摆脱不开”。因为人人都“摆脱不开”，所以生命便成了一幕最大的悲剧。

朋友，我写到这里，已超过寻常篇幅，把上面所写的翻看一过，觉得还没有把“摆脱”的道理说得透。我只谈到粗浅处，细微处让你自己暇时细心体会。

你的朋友　孟实

II · 09

谈人生与我

像草木鱼虫一样地生活

朋友：

我写了许多信，还没有郑重其事地谈到人生问题，这是一则因为这个问题实在谈滥了，一则也因为我看这个问题并不如一般人看得那样重要。在这最后一封信里我所以提出这个滥题来讨论者，并不是要说出什么一番大道理，不过把我自己平时几种对于人生的态度随便拿来做一次谈料。

我有两种看待人生的方法。在第一种方法里，我把我自己摆在前台，和世界一切人和物在一块玩把戏；在第二种方法里，我把我自己摆在后台，袖手看旁人在那儿装腔作势。

站在前台时，我把我自己看得和旁人一样，不但和旁人一样，并且和鸟兽虫鱼诸物也都一样。人类比其他物类痛苦，就因为人类把自己看得比其他物类重要。人类中有一部分人比其余的人苦痛，就因为这一部分人把自己比其余的人看得重要。比方穿衣吃饭是多么简单的事，然而在这个世界里居然成为一个极重要的问题，就因为有一部分人要亏人自肥。再比方生死，这又是多么简单的事，无量数人和无量数物都已生过来死过去了。一个小虫让车轮压死了，或者一朵鲜花让狂风吹落了，在虫和花自己都决不值得计较或留恋，而在人类则生老病死以后偏要加上一个苦字。这无非是因为人们希望造物主宰待他们自己应该比草木虫鱼特别优厚。

因为如此着想，我把自己看作草木虫鱼的侪辈，草木虫鱼在和风甘露中是那样活着，在炎暑寒冬中也还是那样活着。像庄子所说，它们“诱然皆生，而不知其所以生；同焉皆得，而不知其所以得”。它们时而戾天跃渊，欣欣向荣，时而含葩敛翅，晏然蛰处，都顺着自然所赋予的那一副本性。它们决不计较生活应该是如何，决不追究生活是为着什么，也决不埋怨上天待它们特薄，把它们供人类宰割凌虐。在它们说，生活自身就是方法，生活自身也就是目的。

从草木虫鱼的生活，我觉得一个经验。我不在生活以外别求生活方法，不在生活以外别求生活目的。世间少我一个，多我一个，或者我时而幸运，时而受灾祸侵逼，我以为这都无伤天地之和。你如果问我，人们应该如何生活才好呢？我说，就顺着自然所给的本性生活着，像草木虫鱼一样。你如果问我，人们生活在这变幻无常的世相中究竟为着什么？我说，生活就是为着生活，别无其他目的。你如果向我埋怨天公说，人生是多么苦恼呵！我说，人们并非生在这个世界来享幸福的，所以那并不算奇怪。

这并不是一种颓废的人生观。你如果说我的话带有颓废的色彩，我请你在春天到百花齐放的园子里去，看看蝴蝶飞，听听鸟儿鸣，然后再回到十字街头，仔细瞧瞧人们的面孔，你看谁是活泼，谁是颓废？请你在冬天积雪凝寒的时候，看看雪压的松树，看着站在冰上的鸥和游在水中的鱼，然后再回头看看遇苦便叫的那“万物之灵”，你以为谁比较能耐苦持恒呢?

我拿人比禽兽，有人也许目为异端邪说。其实我如果要援引“经典”，称道孔孟以辩护我的见解，也并不是难事。孔子所谓“知命”，孟子所谓“尽性”，庄子所谓“齐物”，宋儒所谓“廓然大公，物来顺应”，和希腊廊下派哲学，我都可以引申成一篇经义文，做我的护身符。然而我觉得这大可不必。我虽不把自己比旁人看得重要，我也不把自己看得比旁人分外低能，如果我的理由是理由，就不用仗先圣先贤的声威。

以上是我站在前台对于人生的态度。但是我平时很喜欢站在后台看人生。许多人把人生看作只有善恶分别的，所以他们的态度不是留恋，就是厌恶。我站在后台时把人和物也一律看待，我看西施、嫫母、秦桧、岳飞也和我看八哥、鹦鹉、甘草、黄连一样，我看匠人盖屋也和我看鸟鹊营巢、蚂蚁打洞一样，我看战争也和我看斗鸡一样，我看恋爱也和我看雄蜻蜓追雌蜻蜓一样。因此，是非善恶对我都无意义，我只觉得对着这些纷纭扰攘的人和物，好比看图画，好比看小说，件件都很有趣味。

这些有趣味的人和物之中自然也有一个分别。有些有趣味，是因为它们带有很浓厚的喜剧成分；有些有趣味，是因为它们带有很深刻的悲剧成分。

我有时看到人生的喜剧。前天遇见一个小外交官，他的上下巴都光光如也，和人说话时却常常用大拇指和食指在腮旁捻一捻，像有胡须似的。他们说这是官气，我看到这种举动比看诙谐画还更有趣味。许多年前一位同事常常很气愤地向人说：“如果我是一个女子，我至少已接得一尺厚的求婚书了！”偏偏他不是女子，这已经是喜剧；何况他又麻又丑，纵然他幸而为女子，也决不会有求婚书的麻烦，而他却以此沾沾自喜，这总算得喜剧之喜剧了。这件事和英国文学家哥尔德斯密斯的一段逸事一样有趣。他有一次陪几个女子在荷兰某一个桥上散步，看见桥上行人个个都注意他同行的女子，而没有一个睬他自己，便板起面孔很气愤地说："哼，在别地方也有人这样看我咧！"如此等类的事，我天天都见得着。在闲静寂寞的时候，我把这一类的小小事件从记忆中召回来，寻思玩味，觉得比抽烟饮茶还更有味。老实说，假如这个世界中没有曹雪芹所描写的刘姥姥，没有吴敬梓所描写的严贡生，没有莫里哀所描写的达尔杜弗和阿尔巴贡，生命更不值得留恋了。我感谢刘姥姥、严贡生一流人物，更甚于我感谢钱塘的潮和匡庐的瀑。

其次，人生的悲剧尤其能使我惊心动魄；许多人因为人生多悲剧而悲观厌世，我却以为人生有价值正因其有悲剧。我在几年前做的《无言之美》里曾说明这个道理，现在引一段来：

"我们所居的世界是最完美的，就因为它是最不完美的。这话表面看来，不通已极。但是实含有至理。假如世界是完美的，人类所过的生活——比好一点，是神仙的生活，比坏一点，就是猪的生活——便呆板单调已极，因为倘若件件事都尽美尽善了，自然没有希望发生，更没有努力奋斗的必要。人生最可乐的就是活动所生的感觉，就是奋斗成功而得的快慰。世界既完美，我们如何能尝创造成功的快慰？这个世界之所以美满，就在有缺陷，就在有希望的机会，有想象的田地。换句话说，世界有缺陷，可能性才大。"

这个道理李石岑先生在《一般》三卷三号所发表的《缺陷论》里也说得很透辟。悲剧也就是人生一种缺陷。它好比洪涛巨浪，令人在平凡中见出庄严，在黑暗中见出光彩。假如荆轲真正刺中秦始皇，林黛玉真正嫁了贾宝玉，也不过闹个平凡收场，那得叫千载以后的人唏嘘赞叹？以李太白那样天才，偏要和江淹戏弄笔墨，做了一篇《反恨赋》，和《上韩荆州书》一样庸俗无味。毛声山评《琵琶记》，说他有意要做

“补天石”传奇十种，把古今几件悲剧都改个快活收场，他没有实行，总算是一件幸事。人生本来要有悲剧才能算人生，你偏想把它一笔勾销，不说你勾销不去，就是勾销去了，人生反更索然寡趣。所以我无论站在前台或站在后台时，对于失败，对于罪孽，对于殃咎，都是一副冷眼看待，都是用一个热心惊赞。

朋友，我感谢你费去宝贵的时光读我的这十二封信，如果你不厌倦，将来我也许常常和你通信闲谈，现在让我暂时告别罢！

你的朋友　孟实

叁 温和的游历

（《谈修养》节选）

“你的心灵愈空灵，你也愈不觉得物界喧嘈。”

Ⅲ · 01

谈立志

人生幸福起源于愿望和能力的平衡

抗战以前与抗战以来的青年心理有一个很显然的分别：抗战以前，普通青年的心理变态是烦闷，抗战以来，普通青年的心理变态是消沉，烦闷大半起于理想与事实的冲突。在抗战以前，青年对于自己前途有一个理想，要有一个很好的环境求学，再有一个很好的职业做事；对于国家民族也有一个理想，要把侵略的外力打倒，建设一个新的社会秩序。这两种理想在当时都似很不容易实现，于是他们急躁不耐烦，失望，以至于苦闷。抗战发生时，我们民族毅然决然地拼全副力量来抵挡侵略的敌人，青年们都兴奋了一阵，积压许久的郁闷为之一畅。但是这种兴奋到现在似已逐渐冷静下去，国家民族的前途比从前光明，个人求学就业也比从前容易，虽然大家都硬着脖子在吃苦，可是振作的精神似乎很缺乏。在学校的学生们对功课很敷衍，出了学校就职的人们对事业也很敷衍，对于国家大事和世界政局没有像从前那样关切。这是一个很忧虑的现象，因为横在我们面前的还有比抗敌更艰难的局面，需要更坚决更沉着的努力来应付，而我们青年现在所表现的精神显然不足以应付这种艰难的局面。

如果换过方式来说，从前的青年人病在志气太大，目前的青年人病在志气太小，甚至于无志气。志气太大，理想过高，事实迎不上头来，结果自然是失望烦闷；志气太小，因循苟且，麻木消沉，结果就必至于堕落。所以我们宁愿青年烦闷，不愿青年消沉。烦闷至少是对于现实的欠缺还有敏感，还可以激起努力；消沉对于现实的欠缺就根本麻木不仁，决不会引起改善的企图。但是说到究竟，烦闷之于消沉也不过是此胜于彼，烦闷的结果往往是消沉，犹如消沉的结果往往是堕落。目前青年的消沉与前五六年青年的烦闷似不无关系，烦闷是耗费心力的，心力耗费完了，连烦闷也不曾有，那便是消沉。

一个人不会生下来就烦闷或消沉的，因为人都有生气，而生气需要发扬，需要活动。有生气而不能发扬，或是活动遇到阻碍，才会烦闷或消沉。烦闷是感觉到困难，消沉是无力征服困难而自甘失败。这两种心理病态都是挫折以后的反应。一个人如果经得起挫折，就不会起这种心理变态。所谓经不起挫折，就是没有决心和勇气，就是意志薄弱。

意志薄弱经不起挫折的人往往有一套自宽自解的话，就是把所有的过错都推诿到环境。明明是自己无能，而埋怨环境不允许我显本领；明明是自己甘心做坏人，而埋怨环境不允许我做好人。这其实是懦夫的心理，对于自己全不肯负责任。环境永远不会美满的，万一它生来就美满，人的成就也就无甚价值。人所以可贵，就在他不像猪豚，被饲而肥，他能够不安于污浊的环境，拿力量来改变它，征服它。

普通人的毛病在责人太严责己太宽。埋怨环境还由于缺乏自省自责的习惯。自己的责任必须自己担当起，成功是我的成功，失败也是我的失败。每个人是他自己的造化主，环境不足畏，犹如命运不足信。我们的民族需要自力更生。我们每个人也是如此。我们的青年必须先有这种觉悟，个人和国家民族的前途才有希望。能责备自己，信赖自己，然后自己才能打出一个江山来。

我们有一句老话："有志者事竟成"。这话说得很好，古今中外在任何方面经过艰苦奋斗而成功的英雄豪杰都可以做例证。志之成就是理想的实现。人为的事实都必基于理想，没有理想决不能成为人为的事实。譬如登山，先须存念头去登，然后一步一步地走上去，最后才会达到目的地。如果根本不起登的念头，登的事实自无从发生。这是浅例。世间许多行尸走肉浪费了他们的生命，就因为他们对于自己应该做的事不起念头。许多以教育为事业的人根本不起念头去研究，许多以政治为事业的人根本不起念头为国民谋幸福。我们的文化落后，社会紊乱，不就由于这个极简单的原因么？这就是上文所谓"消沉"、"无志气"。"有志者事竟成"，无志者事就不成。

不过"有志者事竟成"一句话也很容易发生误解，"志"字有几种意义：一是念头或愿望（wish），一是起一个动作时所存的目的（purpose），一是达到目的的决心（will，determination）。譬如登山，先起登的念头，次要一步一步地走，而这走必步步以登为目的，路也许长，障碍也许多，须抱定决心，不达目的不止，然后登的愿望才可以实现，登的目的才可以达到。"有志者事竟成"的"志"，须包含这三种意义在内：第一要起念头，其次要认清目的和达到目的之方法，第三是抱必达目的之决心。很显然的，要事之成，其难不在起念头，而在目的之认识与达到目的之决心。

有些人误解立志只是起念头。一个小孩子说他将来要做大总统，一个乞丐说他成了大阔佬要砍他的仇人的脑袋。所谓"癞蛤蟆想吃天鹅肉"，完全不思量达到这种目的所必有的方法和步骤，更不抱定循这方法步骤去达到目的之决心，这只是狂妄，不能算是立志。世间有许多人不肯学乘除加减而想将来做算学的发明家，不学军事当兵打仗而想将来做大元帅东征西讨，不切实培养学问技术而想将来做革命家改造社会，都是犯这种狂妄的毛病。

如果以起念头为立志，则有志者事竟不成之例甚多。愚公尽可移山，精卫尽可填海，而世间确实有不可能的事情。我们必须承认“不可能”的真实性。所谓“不可能”，就是俗语所谓“没有办法”，没有一个方法和步骤去达到所悬想的目的。没有认清方法和步骤而想达到那个目的，那只是痴想而不是立志，志就是理想，而理想的理想必定是可实现的理想。理想普遍有两种意义，一是“可望而不可攀，可幻想而不可实现的完美”，比如许多宗教都以长生不老为人生理想，它成为理想，就因为事实上没有人长生不老。

理想的另一意义是“一个问题的最完美的答案”，或是“可能范围以内的最圆满的解决困难的办法”。比如长生不老虽非人力所能达到的。而强健却是人力所能达到。就人的能力范围来说，强健是一个合理的理想。这两种意义的分别在一个蔑视事实条件，一个顾到事实条件，一个渺茫无稽，一个有方法步骤可循。严格地说，前一种是幻想痴想而不是理想，是理想都必顾到事实。在理想与事实起冲突时，错处不在事实而在理想。我们必须接受事实，理想与事实背驰时，我们应该改变理想。坚持一种不合理的理想而至死不变只是匹夫之勇，只是“猪武”。我特别着重这一点，因为有些道德家在盲目地说坚持理想，许多人在盲目地听。

我们固然要立志，同时也要度德量力。卢梭在他的教育名著《爱弥儿》里有一段很透辟的话，大意是说人生幸福起于愿望和能力的平衡。一个人应该从幼时就学会在自己能力范围以内起愿望，想做自己所能做的事，也能做自己所想做的事。这番话出诸浪漫色彩很深的卢梭尤其值得我们回味。卢梭自己有时想入非非，因此吃过不少苦头，这番话实在是经验之谈。许多烦闷，许多失败，都起于想做自己所不能做的事，或是不能做自己所想做的事。

志气成就了许多人，志气也毁坏了许多人。既是志，实现必不在目前而在将来。许多人拿立志远大作借口，把目前应做的事延宕贻误。尤其是青年们喜欢在遥远的未来摆一个黄金时代，把希望全寄托在那上面，终日沉醉在迷梦里，让目前宝贵的时光与机会错过，徒贻后日无穷之悔。我自己从前有机会学希腊文和意大利文时，没有下手，买了许多文法读本，心想到四十岁左右时当有闲暇岁月，许我从容自在地自修这些重要的文字，现在四十过了几年了，看来这一生似不能与希腊文和意大利文有缘分了，那箱书籍也恐怕只有摆在那里霉烂了。

这只是一例，我生平有许多事叫我追悔，大半都像这样“志在将来”而转眼即空空过去。“延”与“误”永是连在一起，而所谓“志”往往叫我们由“延”而“误”。所谓真正立志，不仅要接受现在的事实，尤其要抓住现在的机会。如果立志要做一件事，那件事的成功尽管在很远的将来，而那件事的发动必须就在目前一顷刻。想到应该做，马上就做，不然，就不必发下一个空头愿。发空头愿成了一个习惯，一个人就会永远在幻想中过活，成就不了任何事业，听说抽鸦片烟的人想头最多，意志力也最薄弱。老是在幻想中过活的人在精神方面颇类似烟鬼。

我在很早的一篇文章里提出我个人做人的信条，现在想起，觉得其中仍有可取之处，现在不妨趁此再提出供读者参考。我把我的信条叫作“三此主义”，就是此身，此时，此地。一、此身应该做而且能够做的事，就得由此身担当起，不推诿给旁人。二、此时应该做而且能够做的事，就得在此时做，不拖延到未来。三、此地（我的地位、我的环境）应该做而且能够做的事，就得在此地做，不推诿到想象中的另一地位去做。

这是一个极现实的主义。本分人做本分事，脚踏实地，丝毫不带一点浪漫情调。我相信如果我们能够彻底地照着做，不至于很误事。西谚说得好："手中的一只鸟，值得林中的两只鸟。"许多"有大志"者往往为着觊觎林中的两只鸟，让手中的一只鸟安然逃脱。

Ⅲ

·

02

朝抵抗力最大的路径走

人的动力就是自己的意志力

我提出这个题目来谈，是根据一点亲身的经验。有一个时候，我学作诗填词。往往一时兴到，我信笔直书，心里想到什么，就写什么，写成了自己读读看，觉得很高兴，自以为还写得不坏，后来我把这些处女作拿给一位精于诗词的朋友看，请他批评，他仔细看了一遍后，很坦白地告诉我说："你的诗词未尝不能做，只是你现在所做的还要不得。"我就问他："毛病在哪里呢？"他说："你的诗词都来得太容易，你没有下过力，你喜欢取巧，显小聪明。"

听了这话，我捏了一把冷汗，起初还有些不服，后来对于前人作品多费过一点心思，才恍然大悟那位朋友批评我的话真是一语破的。我的毛病确实是在没有下过力。我过于相信自然流露，没有知道第一次浮上心头的意思往往不是最好的意思，第一次浮上心头的词句也往往不是最好的词句。意境要经过洗炼，表现意境的词句也要经过推敲，才能脱去渣滓，达到精妙境界。洗炼推敲要吃苦费力，要朝抵抗力最大的路径走。福楼拜自述写作的辛苦说："写作要超人的意志，而我却只是一个人！”我也有同样感觉，我缺乏超人的意志，不能拼死力往里钻，只朝抵抗力最低的路径走。

这一点切身的经验使我受到很深的感触。它是一种失败，然而从这种失败中我得到一个很好的教训。我觉得不但在文艺方面，就在立身处世的任何方面，贪懒取巧都不会有大成就，要有大成就，必定朝抵抗力最大的路径走。

“抵抗力”是物理学上的一个术语。凡物在静止时都本其固有“惰性”而继续静止，要使它动，必须在它身上加“动力”，动力愈大，动愈速愈远。动的路径上不能无抵抗力，凡物的动都朝抵抗力最低的方向。如果抵抗力大于动力，动就会停止，抵抗力纵是低，聚集起来也可以使动力逐渐减少以至于消灭，所以物不能永动，静止后要它续动，必须加以新动力。这是物理学上一个很简单的原理，也可以应用到人生上面。人像一般物质一样，也有惰性，要想他动，也必须有动力。人的动力就是他自己的意志力。意志力愈强，动愈易成功；意志力愈弱，动愈易失败。不过人和一般物质有一个重要的分别：一般物质的动都是被动，使它动的动力是外来的；人的动有时可以是主动，使他动的意志力是自生自发自给自足的。在物的方面，动不能自动地随抵抗力之增加而增加；在人的方面，意志力可以自动地随抵抗力之增加而增加，所以物质永远是朝抵抗力最低的路径走，而人可以朝抵抗力最大的路径走。物的动必终为抵抗力所阻止，而人的动可以不为抵抗力所阻止。

照这样看，人之所以为人，就在能不为最大的抵抗力所屈服。我们如果要测量一个人有多少人性，最好的标准就是他对于抵抗力所拿出的抵抗力，换句话说，就是他对于环境困难所表现的意志力。

我在上文说过，人可以朝抵抗力最大的路径走，人的动可以不为抵抗力所阻。我说“可以”不说“必定”，因为世间大多数人仍是惰性大于意志力，喜欢朝抵抗力最低的路径走，抵抗力稍大，他就要缴械投降。这种人在事实上失去最高生命的特征，堕落到无生命的物质的水平线上，和死尸一样东推东倒，西推西倒。他们在道德学问事功各方面都决不会有成就，万一以庸庸得厚福，也是叨天之幸。

人生来是精神所附丽的物质，免不掉物质所常有的惰性。抵抗力最低的路径常是一种引诱，我们还可以说，凡是引诱所以能成为引诱，都因为它是抵抗力最低的路径，最能迎合人的惰性。惰性是我们的仇敌，要克服惰性，我们必须动员坚强的意志力，不怕朝抵抗力最大的路径走。走通了，抵抗力就算被征服，要做的事也就算成功。举一个极简单的例子。在冬天早晨，你睡在热被窝里很舒适，心里虽知道这应该是起床的时候，而你总舍不得起来。你不起来，是顺着惰性，朝抵抗力最低的路径走。被窝的暖和舒适，外面的空气寒冷，多躺一会儿的种种借口，对于起床的动作都是很大的抵抗力，使你觉得起床是一件天大的难事。但是你如果下一个决心，说非起来不可，一耸身你也就起来了。这一起来事情虽小，却表示你对于最大抵抗力的征服，你的企图的成功。

这是一个琐屑的事例，其实世间一切事情都可作如此看法。历史上许多伟大人物所以能有伟大成就者，大半都靠有极坚强的意志力，肯向抵抗力最大的路径走。例如孔子，他是当时一个大学者，门徒很多，如果他贪图个人的舒适，大可以坐在曲阜过他安静的学者的生活。但是他毕生东奔西走，席不暇暖，在陈绝过粮，在匡遇过生命的危险，他那副奔波劳碌栖栖遑遑的样子颇受当时隐者的嗤笑。他为什么要这样呢？就因为他有改革世界的抱负，非达到理想，他不肯甘休。《论语》长沮桀溺章最足见出他的心事。长沮桀溺二人隐在乡下耕田，孔子叫子路去向他们问路，他们听说是孔子，就告诉子路说：“滔滔者天下皆是也，而谁以易之！”意思是说，于今世道到处都是一般糟，谁去理会它，改革它呢？孔子听到这话叹气说："鸟兽不可与同群，吾非斯人之徒与而谁与？天下有道，丘不与易也。"意思是说，我们既是人就应做人所应该做的事，如果世道不糟，我自然就用不着费气力去改革它。孔子平生所说的话，我觉得这几句最沉痛，最伟大。长沮桀溺看天下无道，就退隐躬耕，是朝抵抗力最低的路径走，孔子看天下无道，就牺牲一切要拼命去改革它，是朝抵抗力最大的路径走。他说得很干脆，"天下有道，丘不与易也"。

再如耶稣，从《新约》中四部《福音》看，他的一生都是朝抵抗力最大的路径走。他抛弃父母兄弟，反抗当时旧犹太宗教，攻击当时的社会组织，要在慈爱上建筑一个理想的天国，受尽种种困难艰苦，到最后牺牲了性命，都不肯放弃了他的理想。在他的生命史中有一段是一发千钧的危机。他下决心要宣传天国福音后，跑到沙漠里苦修了四十昼夜。据他的门徒的记载，这四十昼夜中他不断地受恶魔引诱。恶魔引诱他去争尘世的威权，去背叛上帝，崇拜恶魔自己。耶稣经过四十昼夜的挣扎，终于拒绝恶魔的引诱，坚定了对于天国的信念。从我们非教徒的观点看，这段恶魔引诱的故事是一个寓言，表示耶稣自己内心的冲突。横在他面前的有两路：一是上帝的路，一是恶魔的路，走上帝的路要牺牲自己，走恶魔的路他可以握住政权，享受尘世的安富尊荣。经过了四十昼夜的挣扎，他决定了走抵抗力最大的路——上帝的路。

我特别在耶稣生命中提出恶魔引诱的一段故事，因为它很可以说明宋明理学家所说的天理与人欲的冲突。我们一般人尽善尽恶的不多见，性格中往往是天理与人欲杂糅，有上帝也有恶魔，我们的生命史常是一部理与欲，上帝与恶魔的斗争史。我们常在歧途徘徊，理性告诉我们向东，欲念却引诱我们向西。在这种时候，上帝的势力与恶魔的势力好像摆在天平的两端，见不出谁轻谁重。这是"一发千钧"的时候，"一失足即成千古恨”，一挣扎立即可成圣贤豪杰。如果要上帝的那一端天平沉重一点，我们必须在上面加一点重量，这重量就是拒绝引诱，克服抵抗力的意志力。有些人在这紧要关头拿不出一点意志力，听惰性摆布，轻轻易易地堕落下去，或是所拿的意志力不够坚决，经过一番冲突之后，仍然向恶魔缴械投降。例如洪承畴本是明末一个名臣，原来也很想效忠明朝，恢复河山，清兵入关后，大家都预料他以死殉国，清兵百计劝诱他投降，他原也很想不投降，但是到最后终于抵不住生命的执着与禄位的诱惑，做了明朝的汉奸。再举一个眼前的例子，汪精卫前半生对于民族革命很努力，当这次抗战开始时，他广播演说也很慷慨激昂。谁料到他的利益熏心，一经敌人引诱，就起了卖国叛党的坏心事。依陶希圣的记载，他在上海时似仍感到良心上的痛苦，如果他拿出一点意志力，即早回头，或以一死谢国人，也还不失为知过能改的好汉。但是他拿不出一点意志力，就认错做错，甘心认贼作父。世间许多人失节败行，都像汪精卫洪承畴之流，在紧要关头，不肯争一口气，就马马虎虎地朝抵抗力最低的路径走。

这是比较显著的例，其实我们涉身处世，随时随地目前都横着两条路径，一是抵抗力最低的，一是抵抗力最大的。比如当学生，不死心踏地去做学问，只敷衍功课，混分数文凭，毕业后不拿出本领去替社会服务，只奔走巴结，夤缘幸进，以不才而在高位；做事时又不把事当事做，只一味因循苟且，敷衍公事，甚至于贪污淫佚，遇钱即抓，不管它来路正当不正当——这都是放弃抵抗力最大的路径而走抵抗力最低的路径。这种心理如充类至尽，就可以逐渐使一个人堕落，我当穷究目前中国社会腐败的根源，以为一切都由于懒。懒，所以苟且因循敷衍，做事不认真；懒，所以贪小便宜，以不正当的方法解决个人的生计；懒，所以随俗浮沉，一味圆滑，不敢为正义公道奋斗；懒，所以遇引诱即堕落，个人生活无纪律，社会生活无秩序。知识阶级懒，所以文化学术无进展；官吏懒，所以政治不上轨道；一般人都懒，所以整个社会都“吊儿郎当”暮气沉沉。懒是百恶之源，也就是朝抵抗力最低的路径走。如果要改造中国社会，第一件心理的破坏工作是除懒，第一件心理的建设工作是提倡奋斗精神。

生命就是一种奋斗，不能奋斗，就失去生命的意义与价值；能奋斗，则世间很少不能征服的困难。古话说得好，“有志者事竟成”。希腊最大的演说家是德摩斯梯尼，他生来口吃，一句话也说不清楚，但他抱定决心要成为一个大演说家，他天天一个人走到海边，向着大海练习演说，到后来居然达到了他的志愿。这个实例阿德勒派心理学家常喜援引，依他们说，人自觉有缺陷，就起“卑劣意识”，自耻不如人，于是心中就起一种“男性的抗议”，自己说我也是人，我不该不如人，我必用我的意志力来弥补天然的缺陷。阿德勒派学者用这原则解释许多伟大人物的非常成就，例如聋子成为大音乐家，瞎子成为大诗人之类。我觉得一个人的紧要关头在起“卑劣意识”的时候。起“卑劣意识”是知耻，孔子说得好，“知耻近乎勇”。但知耻虽近乎勇而却不就是勇。能勇必定有阿德勒派所说的“男性的抗议”。“男性的抗议”就是认清了一条路径上抵抗力最大而仍然勇往直前，百折不挠。许多人虽天天在“卑劣意识”中过活，却永不能发“男性的抗议”，只知怨天尤人，甚至于自己不长进，希望旁人也跟着他不长进，看旁人长进，只怀满肚子醋意。这种人是由知耻回到无耻。注定的要堕落到十八层地狱，永不超生。

能朝抵抗力最大的路径走，是人的特点。人在能尽量发挥这特点时，就足见出他有富裕的生活力。一个人在少年时常是朝气勃勃，有志气，肯干，觉得世间无不可为之事，天大的困难也不放在眼里。到了年事渐长，受过了一些磨折，他就逐渐变成暮气沉沉，意懒心灰，遇事都苟且因循，得过且过，不肯出一点力去奋斗。一个人到了这时候，生活力就已经枯竭，虽是活着，也等于行尸走肉，不能有所作为了。所以一个人如果想奋发有为，最好是趁少年血气方刚的时候，少年时如果能努力，养成一种勇往直前百折不挠的精神，老而益壮，也还是可能的。

一个人的生活力之强弱，以能否朝抵抗力最大的路径为准，一个国家或是一个民族也是如此。这个原则有整个的世界史证明。姑举几个显著的例，西方古代最强悍的民族莫如罗马人，我们现在说到能吃苦肯干，重纪律，好冒险，仍说是“罗马精神”。因其有这种精神，所以罗马人东征西讨，终于统一了欧洲，建立一个庞大的殖民帝国。后来他们从殖民地获得丰富的资源，一般罗马公民都可以坐在家里不动而享受富裕的生活，于是变成骄奢淫佚，无恶不为，一到新兴的“野蛮”民族从欧洲东北角向南侵略，罗马人就毫无抵抗而分崩瓦解。再如满清，他们在入关以前过的是骑猎生活，民性最强悍，很富于吃苦冒险的精神，所以到明末张李之乱社会腐败紊乱时，他们以区区数十万人之力就能入主中夏。可是他们做了皇帝之后，一切皇亲国戚都坐着不动吃皇粮，享大位，过舒服生活，不到三百年，一个新兴民族就变成腐败不堪，辛亥革命起，我们就轻轻易易地把他们推翻了。我们如果要明白一个民族能够堕落到什么地步，最好去看看北平的旗人。

我们中华民族在历史上经过许多波折，从周秦到现在，没有哪一个时代我们不遇到很严重的内忧，也没有哪一个时代我们没有和邻近的民族挣扎，我们爬起来蹶倒，蹶倒了又爬起，如此者已不知若干次。从这简单的史实看，我们民族的生活力确是很强旺，它经过不断的奋斗才维持住它的生存权。这一点祖传的力量是值得我们尊重的。

于今我们又临到严重的关头了。横在我们面前的只有两条路，一是汪精卫和一班汉奸所走的，抵抗力最低的，屈服；一是我们全民族所走的，抵抗力最大的，抗战。我相信我们民族的雄厚的生活力能使我们克服一切困难。不过我们也要明白，我们的前途困难还很多，抗战胜利只解决困难的一部分，还有政治、经济、文化、教育各方面的建设工作还需要更大的努力。一直到现在，我们所拿出来的奋斗精神还是不够。因循、苟且、敷衍，种种病象在社会上还是很流行。我们还是有些老朽，我们应该趁早还童。

孟子说：“天将降大任于斯人也，必先苦其心志，劳其筋骨，饿其体肤，空乏其身，行拂乱其所为，所以动心忍性，增益其所不能。”于今我们的时代是“天将降大任于斯人”的时代了，孟子所说的种种磨折，我们正在亲领身受。我希望每个中国人，尤其是青年们，要明白我们的责任，本着大无畏的精神，不顾一切困难，向前迈进。

Ⅲ · 03

谈青年的心理病态

如何找回生活的精力与活力

这题目是一位青年读者提议要我谈的。他的这个提议似显示青年们自己感觉到他们在心理上有毛病。这毛病究竟何在，是怎样酝酿成的，最好由青年们自己作一个虚心的检讨。我是一个中年人，和青年人已隔着一层，现时代和我当青年的时代也迥然有别，不能全据私人追忆到的经验，刻舟求剑似地去臆测目前的事实。我现在所谈的大半根据在教书任职时的观察，观察有时不尽可据，而且我的观察范围限于大学生。我希望青年读者们拿这旁观者的分析和他们自己的自我检讨比较，并让我知道比较的结果。这于他们自己有益，于我更有益。

一个人的性格形成，大半固靠自己的努力，环境的影响也不可一笔抹杀。“豪杰之士虽无文王犹兴”，但是多数人并非豪杰之士，就不能不有所凭借。很显然地，现时一般青年所可凭借的实太薄弱。他们所走的并非玫瑰之路。

先说家庭。多数青年一入学校，便与家庭隔绝，尤其是来自沦陷区域的。在情感上他们得不到家庭的慰藉。抗战期中一般人都感受经济的压迫，衣食且成问题，何况资遣子弟受教育。在经济上他们得不到家庭的援助。父兄既远隔，又各各为生计所迫，终日奔波劳碌，既送子弟入学校，就把一切委托给学校，自己全不去管。在学业品行上他们得不到家庭的督导。这些还只是消极的，有些人能受到家庭影响的，所受的往往是恶影响。父兄把教育子弟当作一种投资，让他们混资格去谋衣食，子弟有时顺承这个意旨，只把学校当作进身之阶，此其一。父兄有时是贪官污吏或土豪劣绅，自己有许多恶习，让子弟也染着这些恶习，此其二。中国家庭向来是多纠纷，而这种纠纷对于青年人常是隐痛，易形成心理的变态，此其三。

次说社会国家。中国社会正当新旧交替之际，过去封建时代的许多积弊恶习还没有涤除净尽，贪污腐败欺诈凌虐的事情处处都有。青年人心理单纯，对于复杂的社会不能了解。他们凭自己的单纯心理，建造一种难于立即实现的社会理想，而事实却往往与这理想背驰，他们处处感觉到碰壁，于是失望、惊疑、悲观等等情绪源源而来。其次，青年人富于感受性，少定见，好言是非而却不真能辨别是非，常轻随流俗转移，有如素丝，染于青则青，染于黄则黄。社会既腐浊，他们就不知不觉地跟着它腐浊。总之，目前环境对于纯洁的青年是一种恶性刺激，对于意志薄弱的青年是一种恶性引诱。加以国家处在危难的局面，青年人心里抱着极大的希望，也怀着极深的忧惧。他们缺乏冷静的自信，任一股热情鼓荡，容易提升到高天，也容易降落到深渊。一个人叠次经过这种疟疾式的暖冷夹攻，自然容易变成虚弱。在身体方面如此，在精神方面也如此。

再次说学校。教育必以发展全人为宗旨，德育、智育、美育、群育、体育五项应同时注重。就目前实际状况说，德育在一般学校等于具文，师生的精力都集中于上课，专图授受知识，对于做人的道理全不讲究。优秀青年感觉到这方面的缺乏而彷徨，顽劣青年则放纵恣肆，毫无拘束。即退一步言智育，途径亦多错误，灌输多于启发，浅尝多于深入，模仿多于创造，揣摩风气多于效忠学术。在抗战期中，师资与设备多因陋就简，研究的风气尤不易提高。向学心切者感觉饥荒，凡庸者敷衍混资格。美育的重要不但在事实上被忽略，即在理论上亦未被充分了解。我国先民在文艺上造就本极优越，而子孙数典忘祖，有极珍贵的文艺作品而不知欣赏，从事艺术创造者更寥寥。大家都迷于浅狭的功利主义，对文艺不下功夫，结果乃有情操驳杂、趣味卑劣、生活干枯、心灵无寄托等种种现象。群育是吾国人向来缺乏的，现代学校教育对此亦毫无补救。一般学校都没有社会生活，教师与学生相视如路人，同学彼此也相视如路人。世间大概没有比中国大学教授与学生更孤僻更寂寞的一群动物了。体育的忽略也不自今日始，有些学生们还在鄙视运动，黄皮刮瘦几乎是知识阶级的标帜。抗战中忽略运动之外又添上缺乏营养。我常去参观学生吃饭，七八人一席只有一两碗无油的蔬菜，有时甚至只有白饭。吃苦本是好事，亏损虚弱却不是好事。青年人正当发育时期，日复一日年复一年地缺乏最低限度的营养，结果只有亏损虚弱，甚至于疾病死亡。心理的毛病往往起于生理的毛病，生理的损耗必酿成心理的损耗。这问题有关于民族的生命力，凡是有远见的教育家和政治家都不应忽视。

家庭、社会、国家和学校对于青年人的影响如上所述。在这种情形之下，青年人在心理方面发生下列几种不健康的感觉：

第一是压迫感觉。青年人当生气旺盛的时候，有如春日的草木萌芽，需要伸展与生长，而伸展与生长需要自由的园地与丰富的滋养。如果他们像墙角生出来的草木，上面有沉重的砖石压着，得不着阳光与空气，他们只得黄瘦萎谢，纵然偶尔能费力支撑，破石罅而出，也必变成臃肿拳曲，不中绳墨。不幸得很，现代许多青年都恰在这种状况之下出死力支撑层层重压。家庭对于子弟上进的企图有时做不合理的阻挠，社会对于勤劳的报酬不尽有保障，国家为着政策有时须限制思想与言论的自由，学校不能使天赋的聪明与精力得充分发展，国家前途与世界政局常纠缠不清，强权常歪曲公理。这一切对于青年人都是沉重的压迫，此外又加上经济的艰窘，课程的繁重，营养缺乏所酿成的体质羸弱，真所谓“双肩上公仇私仇，满腔儿家忧国忧”。一个人究竟有几多力量，能支撑这层层重压呢？撑不起，却也推不翻，于是都积成一个重载，压在心头。

第二是寂寞感觉。人是富于情感的动物，人也是群居的动物，所以人需要同类的同情心最为激烈。哲学家和宗教家抓住这一点，所以都以仁爱立教。他们知道人类只有在仁爱中才能得到真正幸福。青年人血气方刚，同情的需要比中年人与老年人更为迫切。我们已经说过，现代中国青年不常能得到家庭的慰藉，在学校里又缺乏社会生活，他们终日独行踽踽，举目无亲，人生最强烈的要求不能得到最低限度的满足，他们心里如何快乐得起来呢？这里所谓“同情心”包含异性的爱在内。男女中间除着人类同情心的普遍需要之外，又加上性爱的成分，所以情谊一旦投合，便特别坚强。这是一个极自然的现象，不容教育家们闭着眼睛否认或推翻。我们所应该留意的是施以适当教育，因势利导，纳于正轨，不使其泛滥横流。这些年来我们都在采男女同学制，而对于男女同学所有的问题未加精密研究，更未予以正确指导。结果男女中间不是毫无来往，便是偷偷摸摸地来往。毫无来往的似居多数，彼此摆在面前，徒增一种刺激。许多青年人的寂寞感觉，细经分析起来，大半起于异性中缺乏合理而又合体的交际。

第三是空虚感觉。“自然厌恶空虚”，这个古老的自然律可应用于物质，也可应用于心灵。空虚的反面是充实，是丰富。人生要充实丰富，必须有多方的兴趣与多方的活动。一个在道德、学问、艺术或事业方面有浓厚兴趣的人，自然能在其中发见至乐，决不会感觉到人生的空虚。宋儒教人心地常有“源头活水”，此心须常是“活泼泼的”。又教人玩味颜子在箪食瓢饮的情况之下“所乐何事”，用意都在使内心生活充实丰富。据近代一般心理学家的见解，艺术对于充实内心生活的功用尤大，因为它帮助人在事事物物中都可发见乐趣。观照就是欣赏，而欣赏就是快乐。现在一般青年人对学术既无浓厚兴趣，对艺术及其他活动更漠不置意，生活异常干枯贫乏，所以常感到人生空虚。此外又加上述的压迫与寂寞，使他们追问到人生究竟，而他们的单纯头脑所能想出的回答就是“空虚”。他们由自己个人的生活空虚推论到一般人生的空虚，犯着逻辑学家所谓“以偏概全”的错误。个人生活的空虚往往是事实，至于一般人生是否空虚则大有问题，至少历史上许多伟大人物不是这么想。

以上所说的三种不健康的感觉都有几分是心病，但是它们所产生的后果更为严重。在感觉压迫、寂寞和空虚中，青年人始而彷徨，身临难关而找不着出路，踌躇不知所措；继而烦闷，仿佛以为家庭、社会、国家、学校以至于造物主，都有意在和他们为难，不让他们有一件顺心事，于是对一切生厌恶，动辄忧郁、烦躁、苦闷；继而颓唐麻木，经不起一再挫折，逐渐失去辨别是非的敏感与向上的意志，随世俗苟且敷衍，以“世故”为智慧，视腐浊为人情之常。彷徨犹可抉择正路，烦闷犹可力求正路，到了颓唐麻木，就势必至于堕落，无可救药了。我不敢说现在多数青年都已到了颓唐麻木的阶段，但是我相信他们都在彷徨烦闷，如果不及早振作，离颓唐麻木也就不远了。总之，我感觉到现在青年人大半缺乏青年人所应有的朝气，对一切缺乏真正的兴趣和浓厚的热情。他们的志向大半很小，在学校只求敷衍毕业，以后找一个比较优裕的差缺，姑求饱暖舒适，就混过这一生。自然也偶尔遇着少数的例外，但少数例外优秀的青年则势孤力薄，不能造成一种风气。现时代的青年，就他们所表现的精神而论，决不能担当起现时代的艰巨任务。这是有心人不能不为之忧惧的。

这种现状究竟如何救济呢？照以上的分析，病的成因远在家庭社会国家与学校所给的不良的影响，近在青年人自己承受这影响而起的几种不健康的感觉。治本的办法当然是改良环境的影响，尤其是学校教育。这要牵涉到许多问题，非本文所能详谈。这里我只向青年人说话，说的话限于在我想是他们可以受用的，就是他们如何医治自己，拯救自己。

首先，青年人对于自己应有勇气负起责任。我们旁观者分析青年人的心理性格，把环境影响当作一个重要的成因，是科学家所应有的平正态度。但是我们也须补充一句，环境影响并非唯一的决定因素，世间有许多人所受的环境影响几乎完全相同，而成就却有天渊之别，这就是证明个人的努力可以胜过环境的影响。青年们自己不应该把自己的失败完全推诿到环境影响，如果这样办，那就是对自己不负责任，为自己不努力去找借口。我们旁观者固不能以豪杰之士期待一切青年，但是每一个青年自己却不应只以庸碌人自期待。旁人在同样环境之下所能达到的成就，他如果达不到，他就应自引以为耻。对自己没有勇气负责的人在任何优越环境之下，都不会有大成就。对自己负责任，是一切向上心的出发点。

其次，青年人应知实事求是，接受当前事实而谋应付，不假想在另一环境中自己如何可以显大本领，也不把自己现在不能显本领的过失推诿到现实环境。自己所处的是甲境，应付不好，聊自宽解说：“如果在乙境，我必能应付好。”这是“文不对题”，仍是变态心理的表现。举个具体的例：问一位青年人为什么不努力做学问，他回答说：“教员不好，图书不够，饭没有吃饱。”这样一来，他就把责任推诿得干干净净了。他应该知道，教员不好，图书不够，饭没有吃饱，这些都是事实；他须接受这些事实去应付。如果能设法把教员换好，图书买够，饭吃饱，那固然再好没有；如果这些一时为事实所不允许，他就得在教员不好，图书不够，饭没有吃饱的事实条件之下，研究一个办法，看如何仍可读书做学问。他如果以为这样的事实条件不让他能读书做学问，那就是承认自己的失败；如果只假想在另一套事实条件之下才读书做学问，那就是逃避事实而又逃避责任。

再次，青年人应明了自己的心病须靠自己努力去医治。法国有一位心理学家——库维——发明一种自治疗术，叫作“自暗示”。依这个方法，一个人如果有什么毛病，只要自己常专心存着自己必定好的念头，天天只朝好处想，绝不朝坏处想，不久他自会痊愈。他实验过许多病人，无论所患的是生理方面的病或是心理方面的病，都特著奇效。他的实验可证明自信对于一个人的心理影响非常之大。自信是一个不幸的人，就随时随地碰着不幸事，自信是一个勇敢的人，世间便无不可征服的困难。许多青年人所缺乏的正在自信心。没有自信心就没有勇气，困难还没有临头就自认失败。

比如上文所说的三种不健康的感觉，都并非绝对不可避免的。如果能接受事实，有勇气对自己负责任，尽其在我，不计成败，则压迫感觉不至发生。每个人都需要同情，如果每个人都肯拿一点同情出来对付四周的人，则大家互有群居之乐，寂寞感觉不至发生。人生来需要多方活动，精力可发泄，心灵有寄托，兴趣到处泉涌，则生活自丰富，空虚感觉不至发生。这些事都不难做到，一般青年人所以不能做到者，原因就在没有自信，缺乏勇气，不肯努力。

Ⅲ·04

谈处群（上）

我们不善处群的病征

我们民族性的优点很多，只是不善处群。“一个和尚挑水吃，两个和尚抬水吃，三个和尚没水吃”，这个流行的谚语把我们民族性的弱点表现得最深刻。在私人企业方面，我们的聪明、耐性、刚毅力并不让人，一遇到公共事业，我们便处处暴露自私、孤僻散漫和推诿责任。这是我们的致命伤，要民族复兴，政治家和教育家首先应锐意改革的就在此点。因为民治就是群治，以不善处群的民族采行民治，必定是有躯壳而无生命，不会成功的。本文拟先分析不善处群的病征，次探病源，然后再求对症下药：

我们不善处群，可于以下数点见出：

一、社会组织力的薄弱。乌合之众不能成群，群必为有机体，其中部分与部分，部分与全体，都必有密切联络，息息相关，牵其一即动其余。社会成为有机体，有时由自然演变，也有时由人力造作。如果纯任自然，一个一盘散沙的民众可以永远保持散漫的状态。要他团结，不能不借人力。用人力来使一个群众团结，便是组织。群众全体同时自动地把自己团结起来，也是一件不易想象的事。大众尽管同时都感觉到组织团体的必要，而使组织团体成为事实，第一须先有少数人为首领导，其次须有多数人协力赞助。我们缺乏组织力，分析起来，就不外这两种条件的缺乏。社会上有许多应兴之利与应革之弊，为多数人所迫切地感觉到，可是尽管天天听到表示不满的呼声，却从没有一个人挺身而出，领导同表示不满的人们做建设或破坏的工作。比如公路上有一个缺口，许多人在那里跌过交，翻过车，虽只需一块石头或一挑土可以填起，而走路行车的人们终不肯费一举手之劳。社会上许多事业不能举办，原因一例如此简单。“是非只因多开口，烦恼皆由强出头”，这是我们的传统的处世哲学。事实也确是如此。尽管是大家共同希望的事，你如果先出头去做，旁人会对你加以种种猜忌、非难和阻碍。你显然顾到大众利益，却没有顾到某一部分人的自私心或自尊心，他们自己不能或不肯做领袖，却也不甘心让你做领袖。因此聪明人“不为物先”，只袖手旁观，说说风凉话，而许多应做的事也就搁起。

二、社会德操的堕落。德原无分公私，是德行就必须影响到社会福利，这里所谓社会德操是指社会组织所赖以维持的德操。社会德操不胜枚举，最重要的有三种：第一是公私分明。一个受公众信托的人有他的职权，他的责任在行使公众所付与的职权，为公众谋利益。他自然也还可以谋私人的特殊利益，可是不能利用公众所付与的职权。在我国常例，一个人做了官，就可以用公家的职位安插自己的亲戚朋友，拿公家的财产做私人的人情，营私人的生意，填私人的欲壑。这样假公济私，贪污作弊，便是公私不分。此外一个人的私人地位与社会地位应该有分别。比如父亲属政府党，儿子属反对党，在政治上尽管是对立，而在家庭骨肉的分际上仍可父慈子孝。古人大义灭亲，举贤不避亲，同是看清公私界限。现在许多人把私人的恩怨和政治上的是非夹杂不清。是我的朋友我就赞助他在政治上的主张和行动，是我的仇敌我就攻击他在政治上的主张和行动，至于那主张和行动本身为好为坏则漠不置问。我们的政治上许多“人事”的困难都由此而起，这也还是犯公私不分的毛病。第二个重要的社会德操是守法执礼的精神。许多人聚集成为一个团体，就有许多繁复的关系和繁复的活动。繁复就容易凌乱，凌乱就容易冲突。要在繁复之中见出秩序，必定有纪律，使易于凌乱者有条理，易于冲突者各守分相安。无纪律则社会不能存在，无尊重纪律的精神则社会不能维持。所谓纪律就是团体生活的合理的规范，它包含两大因素，一是国家（或其他集团）所制定的法，一是传统习惯所逐渐形成而经验证为适宜的礼。普通所谓“文化”在西文为civilization，照字原说，就是“公民化”或“群化”。“群化”其实就是“法化”与“礼化”。一个民族能守法执礼，才能算是“开化的民族”，否则尽管他的物质条件如何优厚，仍不脱“未开化”的状态。目前我们大多数人似太缺乏守法执礼的精神。比如到车站买票，依先来后到的次序，事本轻而易举，可是一般买票者踊跃争先，十分钟可了的事往往要弄到几点钟才了，三言两语可了的事往往要弄到摩拳擦掌，头破血流才了，结果仍是不公平，并且十人坐的车要挤上三四十人，不管车子出事不出事。这虽是小事，但是这种不守秩序的精神处处可以看见，许多事之糟，就糟于此。第三个重要的社会德操是勇于表示意见，而且乐于服从多数议决案的精神，这可以说是理想的议会精神。民主政治的精义在每个公民有议政的权利。人愈多，意见就愈分歧。议政制度的长处就在让分歧的意见尽量地表现，然后经过充分的商酌，彼此逐渐接近融洽，产生一个比较合理比较可使多数人满意的办法。一个理想的公民在有机会参与议论时，应尽量地发表自己的意见，旁人错误时，我应有理由说服他，旁人有理由说服我时，我也承认自己的错误。经过仔细讨论之后，成立了议决案，我无论本来曾否同意，都应竭诚拥护到底。公民如果没有服从多数而打消自己的成见的习惯，民主政治决不会成功，因为全体公民对于任何要事都有一致意见，是一件不容易的事。我们多数人很缺乏这种政治修养。在开会讨论一件事时，大家都噤若寒蝉，有时虽心不谓然而口却不肯说，到了议决案成立之后，才议论纷纷，埋怨旁人不该那样做，甚至别标一帜，任意捣乱。许多公众事业不易举办，这也是一个重要的原因。

三、社会制裁力的薄弱。任何复杂社会不免有恶劣分子在内。坏人的破坏力常大于善人的建设力。在一个群众之中，尽管善人多而坏人少，多数善人成之而不足的事往往经少数坏人败之而有余。要加强善人的力量和减少坏人的力量，必须有强厚的社会制裁力。一个社会里不怕有坏人，而怕没有公是公非，让坏人横行无忌。社会制裁力可分三种：第一是道德风纪。每民族都有他的特殊历史环境所造成的行为理想与规范，成为一种烘炉烈焰，一个人投身其中，不由自主地受它熔化，一个民族的道德风纪就是他的共同目标，共同理想。这共同理想的势力愈坚强，那个民族的团结力就愈紧密，而其中各分子越轨害群的可能性也就愈小。这是最积极最深厚的社会制裁力。其次是法律。每民族对于最普遍的关系和最重要的活动都有明文或习惯规定，某事应该这样做，不应该那样做，是不容人以私意决定的。法有定准，则民知所率从。明知而故犯，法律上也有惩处的措置。一般人本大半可与为善，可与为恶，而事实上多数人不敢为恶者，就因为有法律的制裁。中国儒家素来尊德而轻法，其实为一般社会说法，法律是秩序的根据，绝不可少。第三是舆论。舆论就是公是公非。一个人做了好事会受舆论褒扬，做了坏事也免不掉舆论的指摘。人本是社会的动物，要见好于社会是人类天性。羞恶之心和西方人所谓“荣誉意识”是许多德行的出发点，其实仍是起于个人对社会舆论的顾虑。舆论自然也根据道德与法律，但是它的影响更较广泛，尤其是在近代交通发达报纸流行的情况之下。在目前我国社会里，这三种社会制裁力却很薄弱。第一，我们当思想剧变之际，青黄不接，旧有道德信条多被动摇，而新的道德信条又还没有树立。行为既没有确定的标准，多数人遂恣意横行。在从前，至少在理论上，道德是人生要义；在现在，道德似成为迂腐的东西，不但行的人少，连谈的人也少。其次，法的精神贵贯彻，有一人破法，或有一事破法，法的权威便降落。我们民族对于法的精神素较缺乏，近来因社会变动繁复，许多事未上轨道，有力者往往挟其力以乱法，狡黠者往往逞其狡黠以玩法，法遂有只为一部分愚弱乡民而设之倾向。我们明知道社会中有许多不合法的事，但是无可如何。第三，舆论的制裁须有两个重要条件。首先人民知识与品格须达到相当的水准，然后所发出的舆论才能真算公是公非。其次政府须给舆论以相当的自由。目前我们人民的程度还没有达到可造成健全舆论的程度。加以舆论本与道德法律有密切关系，道德与法律的制裁力弱，舆论也自然失其凭依。我们的社会中虽不是绝对没有公是公非，而距理想却仍甚远。一个坏人在功利的观点看，往往是成功的人，社会徒惊羡他的成功而抹煞他的坏。“老实”义为“无用”，“恭谨”看成“迂腐”，这是危险现象，看惯了，人也就不觉它奇怪。至于舆论自由问题，目前事实也还远不如理想。舆论本身未健全自然是一个原因，抗战时期的国策也把教导舆论比解放舆论看得更重要。

以上所举三点是我们不善处群的最重要病征。三点自然也彼此相关，而此外相关的病征也还不少。但是如果能够把这三种病征除去，这就是说，如果我们富于社会组织力，具有很优美的社会德操，而同时又有强有力的社会制裁，我相信我们处群的能力一定会加强，而民治的基础也更较稳固。

Ⅲ·05

谈处群（中）

我们不善处群的病因

近代社会心理学家讨论群的成因，大半着重群的分子具有共同性。第一是种族语言的同一，其次则为文化传统，如学术宗教政治及社会组织等，没有重要的分歧。有了这些条件，一个群众就会有共同理想，共同情感，共同意志，就容易变为共同行动，如果在这上面再加上英明的领袖与严密的制度，群的基础就很坚固了。拿共同性一个标准来说，我们中华民族似乎没有什么欠缺可指。世界上没有另一个民族在种族语言上比我们更较纯一些，也没有另一个民族比我们有更悠久的一贯的文化传统。然而我们中华民族至今还不能算是一个团结紧密而坚强的群，原因在哪里呢？说起来很复杂。历史环境居一半，教育修养也要居一半。

浅而易见的原因是地广民众。上文列举群的共同性，有一点没有提及，就是共同意识。同属于一群的人必须每个人都意识到自己所属的群确实是一个群而不是一班乌合之众，并且对于这个群有很明了的认识，和它能发生极亲切的交感共鸣。群的精神贯注到他自己的精神，他自己的精神也就表现群的精神。大我与小我仿佛打成一片，群才坚固结实。所以群的质与量几成反比。群愈大，愈难使它的分子对它有明确的意识，群的力量也就越微；群愈小，愈易使它的分子对它有明确的意识，群的力量也就越强。群的意识在欧洲比较分明，就因为欧洲各国大半地窄民寡。近代欧洲国家的雏形是希腊和罗马的“城邦”。城邦的疆域常仅数十里，人口常常不出数千人，有公众集会，全体国民可以出席，可以参与国家大政；他们常在一起过共同的生活。在这种情形之下，群的意识自然容易发达。我们中国从周秦以后，疆域就很广大，人口就很众多。在全体国民一个大群之下，有依次递降的小群。一般人民对于下层小群的意识也很清楚，只是对于最大群的意识都很模糊。孟子谈他的社会理想说：“死徒无出乡，乡田同井，出入相友，守望相助，疾病相扶持。”这是一个很理想的群，但也是一个很小的群，它的存在条件是“死徒无出乡，乡田同井”。一直到现在，我们的乡民还维持着这种原始的群；他们为这种小群的意识所囿，不能放开眼界来认识大群。我们在过去历史上全民族受过几次的威胁而不能用全民族的力量来应付，但是在极大骚动之后，社会基层还很稳定，原因也就在此。可幸者这种情形已在好转中，交通日渐方便，地理的隔阂愈渐减少，而全民族分子中间的接触也就愈渐多。辛亥革命，五四运动和这次的抗战都可以证明我们现在已开始有全民族的意识和全民族的活动。在历史上我们还不曾有过同样的事例。

在地广民众的情形之下，群的组织虽不容易，却也并非绝对不可能。它所以不容易的原因在人民难于聚集在一起作共同的活动，如果有一个共同理想把众多而散处的人民摄引来朝一个目标走，他们仍可成为很有力的群。中世纪欧洲各国割据纷争，政权既不统一，民族与语言又很分歧，论理似不易成群，但是回教徒占领耶路撒冷以后，欧洲人为着要恢复耶稣教的圣地，几度如醉如狂地结队东征。十字军虽不算成功，但可证明地广民众不一定可以妨碍群的团结，只要大家有共同理想，共同意志与共同活动。这次签约反抗轴心侵略的二十六个国家站在一条阵线上成为一个群，也就因为这个道理。从这些事例，我们可以见出要使广大的民众团结成群，首先要他们有共同理想，要尽量给他们参加共同活动的机会。共同活动就是广义的政治活动。所以政治愈公开，人民参加政治活动的机会愈多，群的意识愈易发达，而处群的能力也愈加强。因为这个道理，民主国家人民易成群，而专制国家人民则不易成群。我国过去数千年政体一贯专制，国家的事都由在上者一手包办，人民用不着操劳。在上者是治人者，主动者，人民是治于人者，被动者。在承平时，人民坐享其成，“同焉皆得而不知其所以得”；在混乱时，人民有时被迫而成群自卫，亦迹近反抗，为在上者所不容，横加摧残压迫。在我国历史上，无群见盛世太平，有群即为纷争攘乱。在这种情形之下，群的意识不发达，群的德操不健全，都是当然的事。

政体既为专制，而社会的基础又建筑于家庭制度。谋国既无机缘，于是人民都集中精力去谋家。在伦理信条上，我们的先哲固亦提倡先国后家，公而忘私，于忠孝不能两全时必先忠而后孝；但在事实上，家的观念却比国的观念浓厚。读书人的最高理想是做官，做官的最大目的不在为国家做事，而在扬名声，显父母。一个人做了官，内亲和外戚都跟着飞黄腾达。你细看中国过去的历史，国家政治常是宫廷政治，一切纷争扰乱也就从皇亲国戚酿起。至于一般小百姓眼睛里看不见国，自然就只注视着家，拼全力为一家谋福利，家与家有时不免有利害冲突，要造成保卫家的势力，于是同姓成为部落，兄弟尽可阋于墙，而外必御其侮。部落主义是家庭主义的伸张，在中国社会里，小群的活动特别踊跃，而大群非常散漫，意见偶有分歧，侵轧冲突便乘之而起，都是因为部落主义在作祟。就表面看，同乡会、同学会、哥老会之类的组织颇可证明中国人能群，但是就事实看，许多不必有的隔阂和斗争，甚至于许多罪恶的行为，都起于这类小组织。小组织的精神与大群实不相容，因为大群须化除界限，而小组织多立界限；大群必扩然大公，而小组织是结党营私。我们中国人难于成立大群，就误在小组织的精神太强烈。

一般人结党多为营私，所以“孤高自赏”的人对于结党都存着很坏的观感。“狐群狗党”是中国字汇中所特有的成语，很充分表现中国人对于群与党的鄙视。狐狗成群结党，洁身自好者不肯同流合污，甚至以结党为忌。这是一个极不幸的现象。善人既持高超态度，遇事不肯出头，纵出头也无能为力，于是公众事业都落在宵小的手里，愈弄愈糟。成群结党本身并非一件坏事，尤其在近代社会，个人的力量极有限，要做一番有价值的事业，必须有群众的势力。结党的目的在造成群众的势力，我们所当问的不是这种势力应否存在，而是它如何应用。恶人有党，善人没有党就不能抵御他们。这个道理很浅，而我国知识分子常不了解，多少是受了已往道家隐士思想的影响，道家隐士思想起源于周秦社会混乱的时代，是老于世故者逃避世故的一套想法。他们眼见许多建设作为徒滋纷扰，遂怀疑到社会与文化，主张归真返朴，人各独善其身。长沮桀溺向子路讥诮富于事业心的孔子说：“滔滔者天下皆是也，而谁以易之？且尔与其从避人之士也，岂若从避世之士哉？”他们不但要“避人”，还要“避世”。庄子寓言中有许多让天下和高蹈的故事。后来士流受这一类思想的影响很深，往往以“超然物表”“遗世独立”相高尚，仿佛以为涉身仕途便玷污清白。齐梁时有一个周颙，少年时隐居一个茅屋里读书学道，预备媲美巢父务光。后来他改变志向，应征做官，他的朋友孔稚珪便以为这是一个大耻辱，假周颙所居的北山的口吻，做了一篇“移文”和他绝交，骂他“诱我松桂，欺我云壑，虽假容于江皋，乃缨情于好爵”。这件事很可表现中国士流鄙视政治活动的态度。这种心理分析起来，很有些近代心理学家所说的“卑鄙意识”在内。人人都想抬高自己的身份，觉得社会卑鄙，不屑为伍，所以跳出来站在一边，表示自己不与人同。现在许多人鄙视群众与政治活动，骨子里都有“卑鄙意识”在作祟。据近代社会心理学家说，群众的活动多起于模仿。一种情绪或思想能为一般人所接受的必须很简单平凡，否则曲高和寡。所以群众所表现的智慧与德操大半很低，易于成群的人也必须易于接受很低的智慧与德操。我们中华民族似比较富于独立性，不肯轻易随人而好立异为高。宗教情操淡薄由此，群不易组织也由此。

传统的观念与相沿的习惯错误，而流行教育实未能改正这种错误。我始终坚信苏格拉底的一句老话：“知识即德行。”凡是德行缺陷，必定由于知识不彻底。群的组织的最大障碍是自私心。存自私心的人多抱着“各人自扫门前雪，不管他人瓦上霜”的念头，他们以为损群可以利己，或以为轻群可以重己；其中寡廉鲜耻者玷污责任，假公济私，洁身自好者逃避责任，遗世鸣高。其实社会存在是铁一般的事实，个人靠着社会存在也是铁一般的事实。我们必须接受这些事实，才能生存。社会的福利是集团的福利，个人既为集团一分子，自亦可蒙集团的福利。社会的一切活动最终的目的当然仍在谋各个分子的福利，所以各个分子对于社会的努力最后仍是为自己。有人说：“利他主义是彻底的利己主义。”这话实在千真万确。如果全从自己着想而不顾整个社会，像汉奸们为着几个卖身钱作敌人的走狗，实在是短见，没有把算盘打得清楚。他们忘记“皮之不存，毛将焉附”一句话的道理。他们的顽恶由于他们的愚昧，他们的愚昧由于他们所受的教育不够或错误。汉奸如此，一切贪官污吏以及逃避社会责任的人也是如此。“种瓜得瓜，种豆得豆。”掌教育的人们看到社会上许多害群之马，应该有一番严厉的自省！

Ⅲ

·

06

谈恻隐之心

在里皮里你会发现野蛮人

罗素在《中国问题》里讨论我们民族的性格，指出三个弱点：贪污、怯懦和残忍。他把残忍放在第一位，所说的话最足令人深省："中国人的残忍不免打动每一个盎格鲁撒克逊人。人道的动机使我们尽一分力量来减除其余九十九分力量所做的过恶，这是他们所没有的。……我在中国时，成千成万的人在饥荒中待毙，人民为着几块钱出卖儿女，卖不出就弄死。白种人很尽了些力去赈荒，而中国人自己出的力却很少，连那很少的还是被贪污吞没。……如果一只狗被汽车压倒致重伤，过路人十个就有九个站下来笑那可怜的畜牲的哀号。一个普通中国人不会对受苦受难起同情的悲痛，实在他还像觉得它是一个颇愉快的景象。他们的历史和他们的辛亥革命前的刑律可见出他们免不掉故意虐害的冲动。"

我第一次看《中国问题》还在十几年以前，那时看到这段话心里甚不舒服；现在为大学生选英文读品，把这段话再看了一遍，心里仍是甚不舒服。我虽不是狭义的国家主义者，也觉得心里一点民族自尊心遭受打击，尤其使我怀惭的是没有办法来辩驳这段话。我们固然可以反诘罗素说："他们西方人究竟好得几多呢？"可是他似乎预料到这一着，在上一段话终结时，他补充了一句："话须得说清楚，故意虐害的事情各大国都在所不免，只是它到了什么程度被我们的伪善隐瞒起来了。"他言下似有怪我们竟明目张胆地施行虐害的意味。

罗素的这番话引起我的不安，也引起我由中国民族性的弱点想到普遍人性的弱点。残酷的倾向，似乎不是某一民族所特有的，它是像盲肠一样由原始时代遗留下来的劣根性，还没有被文化洗刷净尽。小孩们大半喜欢虐害昆虫和其他小动物，踏死一堆蚂蚁，满不在意。用生人做陪葬者或是祭典中的牺牲，似不仅限于野蛮民族。罗马人让人和兽相斗相杀，西班牙人让牛和牛相斗相杀，作为一种娱乐来看。中世纪审批异教徒所用的酷刑无奇不有。在战争中人们对于屠杀尤其狂热，杀死几百万生灵如同踏死一堆蚂蚁一样平常，报纸上轻描淡写地记一笔，造成这屠杀记录者且热烈地庆祝一场。就在和平时期，报纸上杀人、起火、翻船、离婚之类不幸的消息也给许多观众以极大的快慰。一位西方作家说过："揭开文明人的表皮，在里皮里你会发现野蛮人。"据说大哲学家斯宾诺莎的得意的消遣是捉蚊蝇摆在蛛网上看他们被吞食。近代心理学家研究变态心理所表现的种种奇怪的虐害动机如"撒地主义"（sadism），尤足令人毛骨悚然。这类事实引起一部分哲学家，如中国的荀子和英国的霍布斯，推演出"性恶"一个结论。

有些学者对于幸灾乐祸的心理，不以性恶为最终解释而另求原因。最早的学说是自觉安全说。拉丁诗人卢克莱修说："狂风在起波浪时，站在岸上看别人在苦难中挣扎，是一件愉快的事。"这就是中国成语中的"隔岸观火"。卢克莱修以为使我们愉快的并非看见别人的灾祸，而是庆幸自己的安全。霍布斯的学说也很类似。他以为别人痛苦而自己安全，就足见自己比别人高一层，心中有一种光荣之感。苏格兰派哲学家如倍恩（Bain）之流以为幸灾乐祸的心理基于权力欲。能给苦痛让别人受，就是显出自己的权力。这几种学说都有一个共同点：就是都假定幸灾乐祸时有一种人我比较，比较之后见出我比人安全，比别人高一层，比别人有权力，所以高兴。

这种比较也许是有的，但是比较的结果也可以发生与幸灾乐祸相反的念头。比如我们在岸上看翻船，也可以忘却自己处在较幸运的地位，而假想到自己在船上碰着那些危险的境遇，心中是如何惶恐、焦急、绝望、悲痛。将己心比人心，人的痛苦就变成自己的痛苦。痛苦的程度也许随人而异，而心中总不免有一点不安，一点感动和一点援助的动机。有生之物都有一种同类情感。对于生命都想留恋和维护，凡遇到危害生命的事情都不免恻然感动，无论那生命是否属于自己。生命是整个的有机体，我们每个人是其中一肢一节，这一肢的痛痒引起那一肢的痛痒。这种痛痒相关是极原始的，自然的，普遍的。父母遇着儿女的苦痛，仿佛自身在苦痛。同类相感，不必都如此深切，却都可由此类推。这种同类的痛痒相关就是普通所谓的“同情”，孟子所谓“恻隐之心”。孟子所用的比譬极亲切：“今人乍见孺子将入于井，皆有怵惕恻隐之心。”他接着推求原因说：“非所以内交于孺子之父母也，非所以要誉于乡党朋友也，非恶其声而然也。”他没有指出正面的原因，但是下结论说：“由是观之，无恻隐之心非人也。”他的意思是说恻隐之心并非起于自私的动机，人有恻隐之心只因为人是人，它是组成人性的基本要素。

从此可知遇着旁人受苦难时，心中或是发生幸灾乐祸的心理，或是发生恻隐之心，全在一念之差。一念向此，或一念向彼，都很自然，但在动念的关头，差以毫厘便谬以千里。念头转向幸灾乐祸的一方面去，充类至尽，便欺诈凌虐，屠杀吞并，刀下不留情，睁眼看旁人受苦不伸手援助，甚至落井下石，这样一来，世界便变成冤气弥漫，黑暗无人道的场所；念头转向恻隐一方面去，充类至尽，则四海兄弟，一视同仁，守望相助，疾病相扶持，老有所养，幼有所归，鳏寡孤独者亦可各得其所，这样一来，世界便变成一团和气，其乐融融的场所。野蛮与文化，恶与善，祸与福，生存与死灭的歧路全在这一转念上面，所以这一转念是不能苟且的。

这一转念关系如许重大，而转好转坏又全系在一个刀锋似的关头上，好转与坏转有同样的自然而容易，所以古今中外大思想家和大宗教家，都紧握住这个关头。各派伦理思想尽管在侧轻侧重上有差别，各派宗教尽管在信条仪式上互相悬殊，都着重一个基本德行。孔孟所谓“仁”，释氏所谓“慈悲”，耶稣所谓“爱”，都全从人类固有的一点恻隐之心出发。他们都看出在临到同类受苦受难的关头上，一着走错，全盘皆输，丢开那一点恻隐之心不去培养，一切道德都无基础，人类社会无法维持，而人也就丧失其所以为人的本性。这是人类智慧的一个极平凡而亦极伟大的发见，一切伦理思想，一切宗教，都基于这点发见。这也就是说，恻隐之心是人类文化的泉源。

如果幸灾乐祸的心理起于人我的比较，恻隐之心更是如此，虽然这种比较不必尽浮到意识里面来。儒家所谓“推己及物”、“举斯心加诸彼”、“己所不欲，勿施于人”，都是指这种比较。所以“仁”与“恕”是一贯的，不能“恕”决不能“仁”。“恕”须假定知己知彼，假定对于人性的了解。小孩虐待弱小动物，说他们残酷，不如说他们无知，他们根本没有动物能痛苦的观念。许多成人残酷，也大半由于感觉迟钝，想象平凡，心眼窄所以心肠硬。这固然要归咎于天性薄，风俗习惯的濡染和教育的熏陶也有关系。函人唯恐伤人，矢人唯恐不伤人，职业习惯的影响于此可见。希腊盛行奴隶制度，大哲学家如柏拉图、亚里士多德都不以为非；在战争的狂热中，耶稣教徒祷祝上帝歼灭同奉耶教的敌国，风气的影响于此可见。善人为邦百年，才可以胜残去杀，习惯与风俗既成，要很大的教育力量，才可挽回转来。在近代生活竞争激烈，战争为解决纠纷要径，而道德与宗教的势力日就衰颓的情况之下，恻隐之心被摧残比被培养的机会较多。人们如果不反省痛改，人类前途将日趋于黑暗，这是一个极可危惧的现象。

凡是事实，无论它如何不合理，往往都有一套理论替它辩护。有战争屠杀就有辩护战争屠杀的哲学。恻隐之心本是人道基本，在事实上摧残它的人固然很多，在理论上攻击它的人亦复不少。柏拉图在《理想国》里攻击戏剧，就因为它能引起哀怜的情绪，他以为对人起哀怜，就会对自己起哀怜，对自己起哀怜，就是缺乏丈夫气，容易流于怯懦和感伤。近代德国一派唯我主义的哲学家如斯蒂纳（Sterner）、尼采之流，更明目张胆地主张人应尽量扩张权力欲，专为自己不为旁人，恻隐仁慈只是弱者的德操。弱者应该灭亡，而且我们应促成他们灭亡。尼采痛恨无政府主义者和耶稣教徒，说他们都迷信恻隐仁慈，力求妨碍个人的进展。这种超人主义酿成近代德国的武力主义。在崇拜武力侵略者的心目中，恻隐之心只是妇人之仁，有了它心肠就会软弱，对弱者与不康健者（兼指物质的与精神的）持姑息态度，做不出英雄事业来。哲学上的超人主义在科学上的进化主义又得一个有力的助手。在达尔文一派生物学家看，这世界只是一个生存竞争的战场，优胜劣败，弱肉强食，就是这战场中的公理。这种物竞说充类至尽，自然也就不能容许恻隐之心的存在。因为生存需要斗争，而斗争即须拼到你死我活，能够叫旁人死而自己活着的就是“最适者”。老弱孤寡疲癃残疾以及其他一切灾祸的牺牲者照理应归淘汰。向他们表示同情，援助他们，便是让最不适者生存，违反自然的铁律。

恻隐之心还另有一点引起许多人的怀疑。它的最高度的发展是悲天悯人，对象不仅是某人某物，而是全体有生之伦。生命中苦痛多于快乐，罪恶多于善行，祸多于福，事实常追不上理想。这是事实，而这事实在一般敏感者的心中所生的反响是根本对于人生的悲悯。悲悯理应引起救济的动机，而事实上人力不尽能战胜自然，已成的可悲悯的局面不易一手推翻，于是悲悯者变成悲剧中的主角，于失败之余，往往被逼向两种不甚康健的路上去，一是感伤愤慨，遗世绝俗，如屈原一派人；一是看空一切，徒作未来世界或另一世界的幻梦，如一般厌世出家的和尚。这两种倾向有时自然可以合流。近代许多文学作品可以见出这些倾向。比如哈代（T.Hardy）的小说，豪斯曼（A.E.Housman）的诗，都带着极深的哀怜情绪，同时也带着极浓的悲观色彩。许多人不满意于恻隐之心，也许因为它有时发生这种不康健的影响。

恻隐之心有时使人软弱怯懦，也有时使人悲观厌世。这或许都是事实。但是恻隐之心并没有产生怯懦和悲观的必然性。波斯大帝泽克西斯（Xerxes）率百万大军西征希腊，站在桥头望台上看他的军队走过赫勒斯滂海峡，回头向他的叔父说："想到人寿短促，百年之后，这大军之中没有一个人还活着，我心里突然感到一阵怜悯。"但是这一阵怜悯并没有打消他征服希腊的雄图。屠格涅夫在一首散文诗里写一只老麻雀牺牲性命去从猎犬口里救落巢的雏鸟。那首诗里充满着恻隐之心，同时也充满着极大的勇气，令人起雄伟之感。孔子说得好："仁者必有勇。"古今伟大人物的生平大半都能证明真正敢作敢为的人往往是富于同类情感的。菩萨心肠与英雄气骨常有连带关系。最好的例是释迦。他未尝无人世空虚之感，但不因此打消救济人类世界的热望。"我不入地狱，谁入地狱！"这是何等的悲悯！同时，这是何等的勇气。孔子是另一个好例。他也明知"滔滔者天下皆是"，但是"知其不可为而为之"。"鸟兽不可与同群，吾非斯人之徒之与而谁与？天下有道，丘不与易也。"

这是何等的悲悯！同时，这是何等的勇气！世间勇于作淑世企图的人，无论是哲学家、宗教家或社会革命家，都有一片极深挚的悲悯心肠在驱遣他们，时时提起他们的勇气。

现在回到本文开始时所引的罗素的一段话。他说："人道的动机使我们尽一分力量来灭除其余九十九分力量所做的过恶，这是他们（中国人）所没有的。"这话似无可辩驳。但是我以为我们缺乏恻隐之心，倒不仅在遇饥荒不赈济，穷来卖儿女作奴隶，看到颠沛无告的人掩鼻而过之类的事情，而尤在许多人看到整个社会日趋于险境，不肯做一点挽救的企图。教育家们睁着眼睛看青年堕落，政治家们睁着眼睛看社会秩序紊乱，富商大贾睁着眼睛看经济濒危，都漫不在意，仍是各谋各的安富尊荣，有心人会问："这是什么心肝？"如果我们回答说："这心肝缺乏恻隐。"也许有人觉得这话离题太远。其实病原全在这上面。成语中有"麻木不仁"的字样，意义极好，麻木与不仁是连带的。许多人对于社会所露的险象都太麻木，我想这是不能否认的。他们麻木，由于他们不仁（用我们的辞语来说，缺乏恻隐之心）。麻木不仁，于是一切都受支配于盲目的自私。这毛病如何救济，大是问题。说来易，做来难。一般人把一切性格上的难问题都推到教育，教育是否有这样万能，我很怀疑。在我想，大灾大乱也许可以催促一部分人的猛省，先哲伦理思想的彻底认识以及佛耶二教的基本精神的吸收，也许可造成一种力量。无论如何，在建国事业中的心理建设项下，培养恻隐之心必定是一个重要的节目。

Ⅲ

·

07

谈羞恶之心

清冷云中，霹雳起火

《新约》里，《约翰福音》第八章记载这样一段故事：

耶稣在庙里布教，一大群人围着他听。刑名师和法利赛人带着一个行淫被拘的妇人来，把她放在群众当中，向耶稣说：“这妇人是正在行淫时被拿着的。摩西在法律中吩咐过我们，像这样的人应用石头钉死，你说怎样办呢？”耶稣弯下身子来用指画地，好像没有听见他们。他们继续着问，耶稣于是抬起身子来向他们说：“你们中间谁是没有罪的，就让谁先拿石头钉她。”说完又弯下身子用指画地。他们听到这话，各人心里都有内疚，一个一个地走出去，从最年老的到最后的，只剩下耶稣，那妇人仍站在当中。耶稣抬起身子来向她说：“妇人，告你状的人到哪里去了呢？没有人定你的罪么？”她说：“没有人，我主。”耶稣说：“我也不定你的罪，去吧，以后不要再犯了。”

这段故事给我以极深的感动，也给我以不小的惶惑。耶稣的宽宥是恻隐之心的最高的表现，高到泯没羞恶之心的程度，这令人对于他的胸怀起伟大崇高之感。同时，我们也难免惶惑不安。如果这种宽宥的精神充类至尽，我们不就要姑息养奸，任世间一切罪孽过恶蔓延，简直不受惩罚或裁制么？

我们对于世间罪孽过恶原可以持种种不同的态度。是非善恶本是世间习用的分别，超出世间的看法，我们对于一切可作平等观。正觉烛照，五蕴皆空。瞋恚有碍正觉，有如“清冷云中，霹雳起火”。无论在人在我，消除过恶，都当以正觉净戒，不可起瞋恚。这是佛家的态度。其次，即就世间法而论，是非善恶之类道德观念起于“实用理性批判”。若超出实用的观点，我们可以拿实际人生中一切现象如同图画戏剧一样去欣赏，不作善恶判断，自不起道德上的爱恶，如尼采所主张的。这是美感的态度。再次，即就世间法的道德观点而论，人生来不能尽善尽美，我们彼此都有弱点，就不免彼此都有过错。这是人类共同的不幸。如果遇到弱点的表现，我们须了解这是人情所难免，加以哀矜与宽恕。“了解一切，就是宽恕一切。”这是耶稣教徒的态度。

这几种态度都各有很崇高的理想，值得我们景仰向往，而且有时值得我们努力追攀。不过在这不完全的世界中，理想永远是理想，我们不能希望一切人得佛家所谓正觉，对一切作平等观，不能而且也不应希望一切人在一切时境都如艺术家对于罪孽过恶纯取欣赏态度，也不能希望一切人都有耶稣那样宽恕的态度，而且一切过恶都可受宽恕的感化。我们处在人的立场为人类谋幸福，必希望世间罪孽过恶减少到可能的最低限度。减少的方法甚多，积极的感化与消极的裁制似都不可少。我们不能人人有佛的正觉，也不能人人有耶稣的无边的爱，但是我们人人都有几分羞恶之心。世间许多法律制度和道德信条都是利用人类同有的羞恶之心作原动力。近代心理学更能证明羞恶之心对于人格形成的重要。基于羞恶之心的道德影响也许是比较下乘的，但同时也是比较实际的，近人情的。

“羞恶之心”一词出于孟子，他以为是“义之端”，这就是说，行为适宜或恰到好处，须从羞恶之心出发。朱子分羞恶为两事，以为“羞是羞己之恶，恶是恶人之恶”。其实只要是恶，在己者可羞亦可恶，在人者可恶亦可羞。只拿行为的恶做对象说，羞恶原是一事。不过从心理的差别说，羞恶确可分对己对人两种。就对己说，羞恶之心起于自尊情操。人生来有向上心，无论在学识、才能、道德或社会地位方面，总想达到甚至超过流行于所属社会的最高标准。如果达不到这标准，显得自己比人低下，就自引以为耻。耻便是羞恶之心，西方人所谓荣誉意识（sense of honour）的消极方面。有耻才能向上奋斗。这中间有一个人我比较，一方面自尊情操不容我居人下，一方面社会情操使我顾虑到社会的毁誉。所以知耻同时有自私的和泛爱的两个不同的动机。对于一般人，耻（即羞恶之心）可以说就是道德情操的基础。他们趋善避恶，与其说是出于良心或责任心，不如说是出于羞恶之心，一方面不甘居下流，一方面看重社会的同情。中国先儒认清此点，所以布政施教，特重明耻。管子甚至以耻与礼义廉耻并称为“国之四维”。

人须有所为，有所不为。羞恶之心最初是使人有所不为。孟子在讲羞恶之心时，只说是“义之端”，并未举例说明，在另一段文字里他说：“人能充无穿窬之心，而义不可胜用也，人能充无受尔汝之实，无所往而不为义也。”这里他似在举羞恶之心的实例，“无穿窬”（不做贼）和“无受尔汝之实”（不愿被人不恭敬地称呼），都偏于“有所不为”和“胁肩谄笑，病于夏畦”，“巧言令色足恭，左丘明耻之，丘亦耻之”之类心理相同。但孟子同时又说：“人皆有所不为，达之于其所为，义也。”这就是说，羞恶之心可使人耻为所不应为，扩充起来，也可以使人耻不为所应为。为所应为便是尽责任，所以“知耻近乎勇”。人到了无耻，便无所不为，也便不能有所为。有所不为便可以寡过，但绝对无过实非常人所能。儒家与耶教都不责人有过，只力劝人改过。知过能改，须有悔悟。悔悟仍是羞恶之心的表现。羞恶未然的过恶是耻，羞恶已然的过恶是悔。耻令人免过，悔令人改过。

孟子说：“不耻不若人，何若人有？”耻使人自尊自重，不自暴自弃。近代阿德勒（Adler）一派心理学说很可以引来说明这个道理。有羞恶之心先必发见自己的欠缺，发见了欠缺，自以为耻，（阿德勒所谓“卑劣情意综”），觉得非努力把它降伏下去，显出自己的尊严不可（阿德勒所谓“男性的抗议”），于是设法来弥补欠缺，结果不但欠缺弥补起，而且所达到的成就还比平常更优越。德摩斯梯尼本来口吃，不甘受这欠缺的限制，发奋练习演说，于是成为希腊的最大演说家。贝多芬本有耳病，不甘受这欠缺的限制，发愤练习音乐，于是成为德国的最大音乐家。阿德勒举过许多同样的实例，证明许多历史上的伟大人物在身体资禀或环境方面都有缺陷，这缺陷所生的“卑劣情意综”激起他们的“男性的抗议”，于是他们拿出非常的力量，成就非常的事业。中国左丘明因失明而作《左传》，孙子因膑足而作《兵法》，司马迁因受宫刑而作《史记》，也是很好的例证。阿德勒偏就器官机能方面着眼，其实他的学说可以引申到道德范围。因卑劣意识而起男性抗议，是“知耻近乎勇”的一个很好的解释。诸葛孔明要邀孙权和刘备联合去打曹操，先假劝他向曹操投降，孙权问刘备何以不降，他回答说：“田横齐之壮士耳，犹守义不辱。况刘豫州王室之胄，英才盖世，安能复为之下乎？”孙权听到这话，便勃然宣布他的决心：“吾不能举全吴之地，十万之众，受制于人！”这就是先激动羞耻心，再激动勇气，由卑劣意识引到男性抗议。

孟子讲羞恶之心，似专就己一方面说。朱子以为它还有对人一方面，想得更较周到。我们对人有羞恶之心，才能嫉恶如仇，才肯努力去消除世间罪孽过恶。孔子大圣人，胸襟本极冲和，但《论语》记载他恶人的表现特别多。冉有不能救季氏僭礼，宰我对鲁哀公说话近逢迎，子路说轻视读书的话，樊迟请学稼圃，孔子对他们所表示的态度都含有羞恶的意味。子贡问他：“君子亦有所恶乎？”他回答说：“有，恶称人之恶者，恶居下流而讪上者，恶勇而无礼者，恶果敢而窒者。”一口气就数上一大串。他尝以“吾未见好仁者恶不仁者”为欢。他最恶的是乡愿（现在所谓伪君子），因为这种人“暗然媚于世，非之无举，刺之无刺，居之似忠信，行之似廉洁，众皆悦之，自以为是而不可与入尧舜之道”。他一度为鲁相，第一件要政就是诛少正卯，一个十足的乡愿。我特别提出孔子来说，因为照我们的想象，孔子似不轻于恶人，而他竟恶得如此厉害，这最足证明凡道德情操深厚的人对于过恶必有极深的厌恶。世间许多人没有对象可五体投地地去钦佩，也没有对象可深入骨髓地去厌恶，只一味周旋随和，这种人表面上像炉火纯青，实在是不明是非，缺乏正义感。社会上这种人愈多，恶人愈可横行无忌，不平的事件也愈可蔓延无碍，社会的混浊也就愈不易澄清。社会所借以维持的是公平（西方所谓justice），一般人如果没有羞恶之心，任不公平的事件不受裁制，公平就无法存在。过去社会的游侠，和近代社会的革命者，都是迫于义愤，要“打抱不平”，虽非中行，究不失为狂狷，在社会腐浊的时候，仍是有他们的用处。

个人须有羞恶之心，集团也是如此。田横的五百义士不肯屈服于刘邦，全体从容就义，历史传为佳话，古人谈兵，说明耻然后可以教战，因为明耻然后知道“所恶有胜于死者”，不会苟且偷生。我们民族这次英勇的抗战是最好的例证，大家牺牲安适、家庭、财产，以至于生命，就因为不甘做奴隶的那一点羞恶之心。大抵一个民族当承平的时候，羞恶之心表现于公是公非，人民都能受道德法律的裁制，使社会秩序井然。

所谓“化行俗美”，“有耻且格”。到了混乱的时候，一般人廉耻道丧，全民族的羞恶之心只能借少数优秀分子保存，于是才有“气节”的风尚。东汉太学生郭泰李膺陈蕃诸人处外戚宦官专权恣肆之际，独持清议，一再遭钩党之祸而不稍屈服。明末魏阉执权乱国，士大夫多阿谀取容，其无耻之尤者至认阉作父，东林党人独仗义执言，对阉党声罪致讨，至粉身碎骨而不悔。这些党人的行径容或过于褊急，但在恶势力横行之际能不顾一切，挺身维持正气，对于民族精神所留的影响是不可磨灭的。

目前我们民族正遇着空前的大难，国耻一重一重地压来，抗战的英勇将士固可令人起敬，而此外卖国求荣，贪污误国和醉生梦死者还大有人在，原因正在羞恶之心的缺乏。我们应该记着“明耻教战”的古训，极力培养人皆有之的一点羞恶之心。我们须知道做奴隶可耻，自己睁着眼睛望做奴隶的路上走更可耻。罪过如果在自己，应该忏悔；如果在旁人，也应深恶痛绝，设法加以裁制。

Ⅲ·08

谈冷静

如何成为一个冷静的人

德国哲学家尼采把人类精神分为两种，一是阿波罗的，一是狄俄尼索斯的。这两个名称起源于希腊神话。阿波罗是日神，是光的来源，世间一切事物得着光才显现形相。希腊人想象阿波罗凭临奥林匹斯高峰，雍容肃穆，转运他的熠熠生辉的巨眼，普照世间一切，妍丑悲欢，同供玩赏，风帆自动而此心不为之动，他永远是一个冷静的旁观者。狄俄尼索斯是酒神，是生命的来源，生命无常幻变，狄俄尼索斯要在生命幻变中忘却生命幻变所生的痛苦，纵饮狂歌，争取刹那间尽量的欢乐，时时随着生命的狂澜流转，如醉如痴，曾不停止一息来返观自然或是玩味事物的形相，他永远是生命剧场中一个热烈的扮演者。尼采以为人类精神原有这两种分别，一静一动，一冷一热，一旁观一表演。艺术是精神的表现，也有这两种分别，例如图画雕刻等造型艺术是代表阿波罗精神的，音乐跳舞等非造型艺术是代表狄俄尼索斯精神的。依尼采看，古代希腊人本最富于狄俄尼索斯精神，体验生命的痛苦最深切，所以内心最悲苦，然而没有走上绝望自杀的路，就好在有阿波罗精神来营救，使他们由表演者的地位跳到旁观者的地位，由热烈而冷静，于是人生一切灾祸罪孽便变成庄严灿烂的意象，产生了希腊人的最高艺术——悲剧。

尼采的这番话乍看来未免离奇，实在含有至理。近代心理学区分性格的话和它暗合的很多，我们在这里不必繁引。尼采专就希腊艺术着眼，以为它的长处在以阿波罗精神化狄俄尼索斯精神。希腊艺术的作风在后来被称为“古典的”，和“浪漫的”相对立。所谓“古典的”作风特点就在冷静，有节制，有含蓄，全体必须和谐完美；所谓“浪漫的”作风特点就在热烈，自由流露，尽量表现，想象丰富，情感深至，而全体形式则偶不免有瑕疵。从此可知古典主义是偏于阿波罗精神的，浪漫主义是偏于狄俄尼索斯精神的。

“古典的”与“浪漫的”原只适用于文艺，后来常有人借用这两个形容词来谈人的性格，说冷静的、纯正的、情理调和的人是“古典的”；热烈的、好奇特的、偏重情感与幻想的人是“浪漫的”。人禀赋不同，生来各有偏向，教育与环境也常容易使人习染于某一方面，但就大体来说，青年人的性格常偏于“浪漫的”，老年人的性格常偏于“古典的”，一个民族也往往如此。这两种性格各有特长，在理论上我们似难作左右袒。不过我们可以说，无论在艺术或在为人方面，“浪漫的”都多少带着些稚气，而“古典的”则是成熟的境界。如果读者容许我说一点个人的经验，我的青年期已过去了，现在快走完中年的阶段，我曾经热烈地爱好过“浪漫的”文艺与性格，现在已开始逐渐发见“古典的”更可爱。我觉得一个人在任何方面想有真正伟大的成就，“古典的”“阿波罗的”冷静都绝不可少。

要明白冷静，先要明白我们通常所以不能冷静的原因。说浅一点，不能冷静是任情感、逞意气、易受欲望的冲动，处处显得粗心浮气；说深一点，不能冷静是整个性格修养上的欠缺，心境不够冲和豁达，头脑不够清醒，风度不够镇定安详。说到性格修养，困难在调和情与理。人是有生气的动物，不能无情感；人为万物之灵，不能无理智。情热而理冷，所以常相冲突。有一部分宗教家和哲学家见到任情纵欲的危险，主张抑情以存理。这未免是剥丧一部分人类天性，可以使人生了无生气，不能算是健康的人生观。中外大哲人如孔子、柏拉图诸人都主张以理智节制情欲，使情欲得其正而能与理智相调和。不过这不是一件易事。孔子自道经验说：”七十而从心所欲，不逾矩。”这才算是情理融和的境界，以孔子那样圣哲，到七十岁才能做到，可见其难能可贵。大抵修养入手的功夫在多读书明理，自己时时检点自己，要使理智常是清醒的，不让情感与欲望恣意孤行，久而久之，自然胸襟澄然，矜平躁释，遇事都能保持冷静的态度。

学问是理智的事，所以没有冷静的态度不能做学问。在做学问方面，冷静的态度就是科学的态度。科学（一切求真理的活动都包含在内）的任务在根据事实推求原理，在紊乱中建立秩序，在繁复中寻求条理。要达到这种任务，科学必须尊重所有的事实，无论它是正面的或反面的，不能挟丝毫成见去抹煞事实或是歪曲事实；他根据人力所能发见的事实去推求结论，必须步步虚心谨慎，把所有的可能的解说都加以缜密考虑，仔细权衡得失，然后选定一个比较圆满的解说，留待未来事实的参证。所以科学的态度必须冷静，冷静才能客观、缜密、谨严。尝见学者立说，胸中先有一成见，把反面的事实抹煞，把相反的意见丢开，矜一曲之见为伟大发明，旁人稍加批评，便以怒目相加，横肆诋骂，批评者也以诋骂相报，此来彼去，如泼妇骂街，把原来的论点完全忘却。我们通常说这是动情感，凭意气。一个人愈易动情感，凭意气，在学问上愈难有成就。一个有学问的人必定是“清明在躬，志气如神”，换句话说，必定能冷静。

一般人喜欢拿文艺和科学对比，以为科学重理智而文艺重情感。其实文艺正因为表现情感的缘故，需要理智的控制反比科学更甚。英国诗人华兹华斯曾自道经验说："诗起于沉静中所回味得来的情绪。"人人都能感受情绪，感受情绪而能在沉静中回味，才是文艺家的特殊修养。感受是能入，回味是能出。能入是主观的，热烈的；回味是客观的，冷静的。前者是尼采所谓狄俄尼索斯精神的表现，而后者则是阿波罗精神的表现，许多人以为生糙情感便是文艺材料，怪自己没有能力去表现，其实文艺须在这生糙情感之上加以冷静的回味、思索、安排，才能豁然贯通，见出形式。语言情思都必经过洗刷炼裁，才能恰到好处。许多人在兴高采烈时完成一个作品，便自矜为绝作，过些时候自己再看一遍，就不免发见许多毛病。罗马批评家贺拉斯劝人在完成作品之后，放下几年才发表，也是有见于文艺创作与修改，须要冷静，过于信任一时热烈兴头是最易误事的。我们在前面已经说过，成熟的"古典的"文艺作品特色就在冷静。近代写实派不满意于浪漫派，原因在也主张文艺要冷静。一个人多在文艺方面下功夫，常容易养成冷静的态度。关于这一点，我在几年前写过一段自白，希望读者容许我引来参证：

"我应该感谢文艺的地方很多，尤其他教我学会一种观世法。一般人常以为只有科学的训练才可以养成冷静的客观的头脑。……我也学过科学，但是我的冷静的客观的头脑不是从科学而是从文艺得来的。凡是不能持冷静的客观的态度的人，毛病都在把'我'看得太大。他们从'我'这一副着色的望远镜里看世界，一切事物于是都失去它们的本来面目。所谓冷静的客观的态度就是丢开这副望远镜，让'我'跳到圈子以外，不当作世界里有'我'而去看世界，还是把'我'与类似'我'的一切东西同样看待。这是文艺的观世法，也是我所学得的观世法。"

我引这段话，一方面说明文艺的活动是冷静，一方面也趁便引出做人也要冷静的道理。我刚才提到丢开“我”去看世界，我们也应该丢开“我”去看“我”。“我”是一个最可宝贵也是最难对付的东西。一个人不能无“我”，无“我”便是无主见，无人格。一个人也不能执“我”，执“我”便是持成见，逞意气，做学问不易精进，做事业也不易成功。佛家主张“无我相”，老子劝告孔子“去子之骄气与多欲”，都是有见于“执我”的错误。“我”既不能无，又不能执，如何才可以调剂安排，恰到好处呢？这需要知识。我们必须彻底认清“我”，才会妥帖地处理“我”。

“知道你自己”，这句名言为一般哲学家公认为希腊人的最高智慧的结晶。世间事物最不容易知道的是你自己，因为要知道你自己，你必须能丢开“我”去看“我”，而事实上有了“我”就不易丢开“我”，许多人都时时为我见所蒙蔽而不自知，人不易自知，犹如有眼不能自见，有力不能自举。你本是一个凡人，你却容易把自己看成一个英雄；你的某一个念头，某一句话，某一种行为本是错误的，因为是你自己所想、说的、做的，你的主观成见总使你自信它是对的。执迷不悟是人所常犯的过失。中国儒家要除去这个毛病，提倡“自省”的功夫。“自省”就是自己审问自己，丢开“我”去看“我”。一般人眼睛常是朝外看，自省就是把眼光转向里面看。一般能自省的人才能自知。自省所凭借的是理智，是冷静的客观的科学的头脑。能冷静自省，品格上许多亏缺都可以免除。比如你发愤时，经过一番冷静的自省，你的怒气自然消释；你起了一个不正当的欲念时，经过一番冷静的自省，那个欲念也就冷淡下去；你和人因持异见争执，盛气相凌，你如果能冷静地把所有的论证衡量一下，你自然会发现谁是谁非，如果你自己不对，你须自认错误，如果你自己对，你有理由可以说服人。

从这些例子看，“自省”含有“自制”的功夫在内。一个能自制的人才能自强。能自制便有极大的意志力，有极大的意志力才能认定目标，看清事物条理，征服一切环境的困难，百折不挠以抵于成功。古今英雄豪杰有大过人的地方都在有坚强的意志力，而他们的坚强的意志力的表现往往在自制方面。哲学家如苏格拉底，宗教家如耶稣、释迦牟尼，政治家如诸葛亮、谢安、李泌，都是显著的实例。许多人动辄发火生气，或放僻邪侈，横无忌惮，或暴戾刚愎，恣意孤行，这种人看来像是强悍勇猛，实在最软弱，他们做情感的奴隶，或是卑劣欲望的奴隶，自己尚且不能控制，怎能控制旁人或控制环境呢？这种人大半缺乏冷静，遇事鲁莽灭裂，终必至于偾事。如果军国大政落在这种人的手里，则国家民族变成野心或私欲的孤注，在一喜一怒之间轻轻被断送。今日的德意志和日本不惜涂炭千百万生灵，置全民族命脉于险境，实由于少数掌政权者缺乏冷静的头脑，聊图逞一时的意气与狂妄的野心，如悬崖纵马，一放而不可收拾。这是最好的殷鉴。人类许多不必要的灾祸罪孽都是这种人惹出来的。如果我们从这些事例上想一想，就可以见出一个人或一个民族在失去冷静的理智的态度时所冒的危险。

一个理想的人须是有德有学有才。德与学需要冷静，如上所述，才也不是例外。才是处事的能力。一件事常有许多错综复杂的关系，头脑不冷静的人处之，便如置身五里雾中，觉得需要处理的是一团乱丝，处处是纠纷困难。他不是束手无策，就是考虑不周到，布置不缜密，一个困难未解决，又横生枝节，把事情弄得更糟。冷静的人便能运用科学的眼光，把目前复杂情形全盘一看，看出其中关系条理与轻重要害，在种种可能的办法之中选择一个最合理的，于是一切纠纷便如庖丁解牛，迎刃而解。治个人私事如此，治军国大事也是如此，能冷静的人必能谋定后动，动无不成。

一个冷静的人常是立定脚跟，胸有成竹，所以临难遇险，能好整以暇，雍容部署，不至张皇失措。我们中国人对于这种风格向来当作一种美德来欣赏赞叹。孔子在陈过匡，视险若夷，汉高伤胸扪足，史传都传为美谈，后来《世说新语》所载的“雅量”事例尤多，现提举数条来说明本文所谈的冷静：

> 桓公伏甲设馔，广延朝士，因此欲诛谢安王坦之。王甚遽，问谢曰：“当作何计？”谢神意不变，谓文度曰：“晋阼存亡，在此一行。”相与俱前，王之恐状转见于色，谢之宽容愈表于貌，望阶趋席，方作洛生咏讽，浩浩洪流。桓惮其旷远，乃趣解兵。王谢旧齐名，于此始判优劣。
>
> 谢太傅盘桓东山，时与孙兴公诸人汎海戏。风起浪涌，孙王诸人色并遽，便唱使还。太傅神情方王，吟啸不言。舟人以公貌闲意悦，犹去不止。既风转急浪猛，诸人皆喧动不坐。公徐云：“如此将无归。”众人即承响而回，于是审其量足以镇定朝野。
>
> 王子猷子敬曾俱坐一室，上忽发火。子猷遽走避，不遑取屐，子敬神色恬然，徐唤左右扶凭而出，不异平常。世以此定二王神宇。

这些都是冷静态度的最好实例。这种“雅量”所以难能可贵，因为它是整个人格的表现，需要深厚的修养。有这种雅量的人才能担当大事，因为他豁达、清醒、沉着，不易受困难摇动，在危急中仍可想出办法。

冷静并不如庄子所说的“形如槁木，心如死灰”，但是像他所说的游鱼从容自乐。禅家最好做冷静的功夫，他们的胜境却不在坐禅而在禅机。这“机”字最妙。宇宙间许多至理妙谛，寄寓于极平常微细的事物中，往往被粗心浮气的人们忽略过，陈同甫所以有“恨芳菲世界，游人未赏，都付与莺和燕”的嗟叹。冷静的人才能静观，才能发见“万物皆自得”。孔子引《诗经》“鸢飞戾天，鱼跃于渊”二句而加以评释说：“言其上下察也。”这“察”字下得极好，能“察”便能处处发见生机，吸收生机，觉得人生有无穷乐趣。世间人的毛病只是习焉不察，所以生活枯燥，日流于卑鄙污浊。“察”就是“静观”，美学家所说的“观照”，它的唯一条件是冷静超脱。哲学家和科学家所做的功夫在这“察”字上，诗人和艺术家所做的功夫也还在这“察”字上。尼采所说的日神阿波罗也是时常在“察”。人在冷静时静观默察，处处触机生悟，便是“地行仙”。有这种修养的人才有极丰富的生机和极厚实的力量！

Ⅲ · 09

谈学问

不知求知，不能求能

这是一个大题目，不易谈，因为许多人对它有很大的误解，却又不能不谈。最大的误解在把学问和读书看成一件事。子弟进学校不说是“求学”而说是“读书”，学子向来叫作“读书人”，粗通外国文者在应该用“学习”（learn）或“治学”（study）等字时常用“阅读”（read）来代替。这种传统观念的错误影响到我国整个教育的倾向。各级学校大半把教育缩为知识传授，而知识传授的途径就只有读书，教员只是“教书人”。这种错误的观念如果不改正，教育和学问恐怕就没有走上正轨的希望。如果我们稍加思索，它也应该不难改正。学是学习，问是追问。世间可学习可追问的事理甚多，知识技能须学问，品格修养也还须学问；读书人须学问，农工商兵也还须学问，各行有各行的“行径”。学问是任何人对于任何事理，由不知求知，由不能求能的一套功夫。它的范围无限，人生一切活动，宇宙一切现象和真理，莫不包含在内。学问的方法甚多。人从坠地出世，没有一天不在学问。有些学问是由仿效得来的，也有些学问是由尝试、思索、体验和涵养得来。读书不过是学问的方法之一种，它当然很重要，却并非唯一。朱子教门徒，一再申说“读书乃学者第二事”。有许多读书人实在并非在做学问，也有许多实在做学问的人并不专靠读书，制造文字——书的要素——是一种绝大学问，而首先制造文字的人就根本无书可读，许多其他学问都可由此类推。子路的“何必读书然后为学”一句话本身并不错，孔子骂他，只是讨厌他说这话的动机在辩护让一个青年学子去做官，也并没有说它本身错。

一般人常埋怨现在青年对于学问没有浓厚的兴趣。就个人任教的经验说，我也有这样的观感。平心而论，这大半要归咎我们“教书人”。把学问看成“教书”“读书”一个错误的观念如果不全是我们养成的，至少我们未曾设法纠正。而且我们自己又没有好生学问，给青年学子树一个好榜样，可以激励他们的志气，提起他们的兴趣。此外，社会上一般人对于学问的性质和功用所存的误解也不无关系。近代西方学者常把纯理的学问和应用的学问分开，以为治应用的学问是有所为而为，治纯理的学问是无所为而为。他们怕学问全落到应用一条窄路上，尝设法替无所为而为的学问辩护，说它虽“无用”，却可满足人类的求知欲。这种用心很可佩服，而措辞却不甚正确。学问起于生活的需要，世间绝没有一种学问无用，不过“用”的意义有广狭之别。学得一种学问，就可以有一种技能，拿它来应用于实际事业，如学得数学几何三角就可以去算账、测量、建筑、制造机械，这是最正常的“用”字的狭义。学得一点知识技能，就混得一种资格，可以谋一个职业，解决饭碗问题，这就是功利主义的“用”字的狭义。但是学问的功用并不仅如此，我们甚至可以说，学问的最大功用并不在此。心理学者研究智力，有普通智力与特殊智力的分别；古人和今人品题人物，都有通才与专才的分别。学问的功用也可以说有“通”有“专”。治数学即应用于计算数量，这是学问的专用；治数学而变成一个思想缜密、性格和谐、善于立身处世的人，这是学问的通用。学问在实际上确有这种通用。就智慧说，学问是训练思想的工具。一个真正有学问的人必定知识丰富，思想敏锐，洞达事理，处任何环境，知道把握纲要，分析条理，解决困难。就性格说，学问是道德修养的途径。苏格拉底说得好，“知识即德行。”世间许多罪恶都起于愚昧，如果真正彻底明了一件事是好的，另一件事是坏的，一个人决不会睁着眼睛向坏的方面走。中国儒家讲学问，素来全重立身行己的功夫，一个学者应该是一个圣贤，不仅如现在所谓“知识分子”。

现在所谓“知识分子”的毛病在只看到学的狭义的“用”，尤其是功利主义的“用”。学问只是一种干禄的工具。我曾听到一位教授在编成一部讲义之后，心满意足地说：“一生吃着不尽了！”我又曾听到一位朋友劝导他的亲戚不让刚在中学毕业的儿子去就小事说：“你这种办法简直是吃稻种！”许多升学的青年实在只为着要让稻种发生成大量谷子，预备“吃着不尽”。所以大学里“出路”最广的学系如经济系机械系之类常是拥挤不堪，而哲学系、数学系、生物学系诸“冷门”，就简直无人问津。治学问根本不是为学问本身，而是为着它的出路销场，在治学问时既是“醉翁之意不在酒”，得到出路销场后当然更是“得鱼忘筌”了。在这种情形之下的我们如何能期望青年学生对于学问有浓厚的兴趣呢？

这种对于学问功用的狭窄而错误的观念必须及早纠正。生活对于有生之伦是唯一的要务，学问是为生活。这两点本是天经地义。不过现代中国人的错误在把“生活” 只看成口腹之养。“谋生活”与“谋衣食”在流行语中是同一意义。这实在是错误得可怜可笑。人有肉体，有心灵。肉体有它的生活，心灵也应有它的生活。肉体需要营养，心灵也不能“辟谷”。肉体缺乏营养，必自酿成饥饿病死；心灵缺乏营养，自然也要干枯腐化。人为万物之灵，就在他有心灵或精神生活。所以测量人的成就并不在他能否谋温饱，而在他有无丰富的精神生活。一个人到了只顾衣食饱暖而对于真善美漫不感觉兴趣时，他就只能算是一种“行尸走肉”，一个民族到了只顾体肤需要而不珍视精神生活的价值时，它也就必定逐渐没落了。

学问是精神的食粮，它使我们的精神生活更加丰富。肚皮装得饱饱的，是一件乐事，心灵装得饱饱的，是一件更大的乐事。一个人在学问上如果有浓厚的兴趣，精深的造诣，他会发见万事万物各有一个妙理在内，他会发见自己的心蕴含万象，澄明通达，时时有寄托，时时在生展，这种人的生活决不会干枯，他也决不会做出卑污下贱的事。《论语》记“颜子在陋巷，一箪食，一瓢饮，人不堪其忧，回也不改其乐”。孔子赞他“贤”，并不仅因为他能安贫，尤其因为他能乐道，换句话说，他有极丰富的精神生活。宋儒教人体会颜子所乐何在，也恰抓着紧要处，我们现在的人不但不能了解这种体会的重要，而且把它看成道学家的迂腐。这在民族文化上是一个极严重的病象，必须趁早设法医治。

中国语中“学”与“问”连在一起说，意义至为深妙，比西文中相当的译词如learning、study、science诸字都好得多。人生来有向上心，有求知欲，对于不知道的事物喜欢发疑问。对于一种事物发生疑问，就是对于它感觉兴趣。既有疑问，就想法解决它，几经摸索，终于得到一个答案，于是不知道的变为知道的，所谓“一旦豁然贯通”，这便是学有心得。学原来离不掉问，不会起疑问就不会有学。许多人对于一种学问不感觉兴趣，原因就在那种学问对于他们不成问题，没有什么逼得他们要求知道。但是学问的好处正在原来有问题的可以变成没有问题，原来没有问题的也可以变成有问题。前者是未知变成已知，后者发现貌似已知究竟仍为未知。比如说逻辑学，一个中学生学过一年半载，看过一部普通教科书，觉得命题、推理、归纳、演绎之类都讲得妥妥帖帖，了无疑义。可是他如果进一步在逻辑学上面下一点研究功夫，便会发见他从前认为透懂的几乎没有一件不成为问题，没有一件不曾经许多学者辩论过。他如果再更进一步去讨探，他会自己发见许多有趣的问题，并且觉悟到他自己一辈子也不一定能把这些问题都解决得妥妥帖帖。逻辑学是一科比较不幼稚的学问，犹且如此，其他学问更可由此类推了。一个人对于一种学问如果肯钻进里面去，必须使有问题的变为没有问题（这便是问），疑问无穷，发见无穷，兴趣也就无穷。学问之难在此，学问之乐也就在此。一个人对于一种学问说是不感兴趣，那只能证明他不用心，不努力下功夫，没有钻进里面去。世间绝没有自身无兴趣的学问，人感觉不到兴趣，只由于人的愚昧或懒惰。

学与问相连，所以学问不只是记忆而必是思想，不只是因袭而必是创造。凡是思想都是由已知推未知，创造都是旧材料的新综合，所以思想究竟须从记忆出发，创造究竟须从因袭出发。由记忆生思想，由因袭生创造，犹如吸收食物加以消化之后变为生命的动力。食而不化固然是无用，不食而求化也还是求无中生有， 向来论学问的话没有比孔子的“学而不思则罔，思而不学则殆”两句更为精深透辟。学原有“效”义，研究儿童心理学者都知道学习大半基于因袭或模仿。这里所谓“学”是偏重吸收前人已有的知识和经验。思是自己运用脑筋，一方面求所学得的能融会贯通，井然有序，一方面由疑难启发新知识与新经验。一般学子有两种通弊。一种是聪明人所尝犯着的，他们过于相信自己的思考力而忽略前人的成就。其实每种学问都有长久的历史，其中每一个问题都曾经许多人思虑过，讨论过，提出过种种不同的解答，你必须明白这些经过，才可以利用前人的收获，免得绕弯子甚至于走错路。比如说生物学上的遗传问题，从前雷马克、达尔文、魏意斯曼、孟德尔诸大家已经做过许多实验，得到许多观察，用过许多思考。假如你对于他们的工作茫无所知或是一笔抹杀，只凭你自己的聪明才力来解决遗传问题，这岂不是狂妄？世间这种“思而不学”的人正甚多，他们不知道这种凭空构造的“殆”。另外一种通弊是资质较钝而肯用功的人所常犯的。他们一味读死书，古人所说的无论正确不正确，都不分皂白地接受过来，吟咏赞叹，自己毫不用思考求融会贯通，更没有一点冒险的精神，自己去求新发现，这是学而不思，孔子对于这种办法所下的评语是“罔”，意思就是说无用。

学问全是自家的事。环境好、图书设备充足、有良师益友指导启发，当然有很大的帮助。但是这些条件具备不一定能保障一个人在学问上有成就，世间也有些在学问上有成就的人并不具备这些条件。最重要的因素是个人自己的努力。学问是一件艰苦的事，许多人不能忍耐它所必经的艰苦。努力之外，第二个重要的因素是认清方向与门径。入手如果走错了路，愈努力则入迷愈深，离题愈远。比如学写字、诗文或图画，一走上庸俗恶劣的路，后来如果想把它丢开，比收复水还更困难，习惯的力量比什么都较沉重，世上有许多人像在努力做学问，只是陷入“野狐禅”，高自期许而实荒谬绝伦，这个毛病只有良师益友可以挽救。学校教育，在我想，只有两个重要的功用：第一是启发兴趣，其次就是指点门径。现在一般学校不在这两方面努力，只尽量灌输死板的知识。这种教育对于学问不仅无裨益而且是障碍！

Ⅲ · 10

谈读书

去发现新的世界

十几年前我曾经写过一篇短文谈读书，这问题实在是谈不尽，而且这些年来我的见解也有些变迁，现在再就这问题谈一回，趁便把上次谈学问有未尽的话略加补充。

学问不只是读书，而读书究竟是学问的一个重要途径。因为学问不仅是个人的事而是全人类的事，每科学问到了现在的阶段，是全人类分途努力日积月累所得到的成就，而这成就还没有湮没，就全靠有书籍记载流传下来。书籍是过去人类的精神遗产的宝库，也可以说是人类文化学术前进轨迹上的记程碑。我们就现阶段的文化学术求前进，必定根据过去人类已得的成就做出发点。如果抹杀过去人类已得的成就，我们说不定要把出发点移回到几百年的甚至几千年前，纵然能前进，也还是开倒车落伍。读书是要清算过去人类成就的总账，把几千年的人类思想经验在短促的几十年内重温一遍，把过去无数亿万人辛苦获来的知识教训集中到读者一个人身上去受用。有了这种准备，一个人总能在学问途程上作万里长征，去发见新的世界。

历史愈前进，人类的精神遗产愈丰富，书籍愈浩繁，而读书也就愈不易。书籍固然可贵，却也是一种累赘，可以变成研究学问的障碍。它至少有两大流弊。第一，书多易使读书不专精。我国古代学者因书籍难得，皓首穷年才能治一经，书虽读得少，读一部却就是一部，口诵心惟，咀嚼得烂熟，透入身心，变成一种精神的原动力，一生受用不尽。现在书籍易得，一个青年学者就可夸口曾过目万卷，“过目”的虽多，“留心”的却少，譬如饮食，不消化的东西积得愈多，愈易酿成肠胃病，许多浮浅虚骄的习气都由耳食肤受所养成。其次，书多易使读者迷方向。任何一种学问的书籍现在都可装满一个图书馆，其中真正绝对不可不读的基本著作往往不过数十部甚至于数部。许多初学者贪多而不务得，在无足轻重的书籍上浪费时间与精力，就不免把基本要籍耽搁了；比如学哲学者尽管看过无数种的哲学史和哲学概论，却没有看过一种柏拉图的《对话集》，学经济学者尽管读过无数种的教科书，却没有看过亚当·斯密的《原富》。做学问如作战，须攻坚挫锐，占住要塞。目标太多了，掩埋了坚锐所在，只东打一拳，西踏一脚，就成了“消耗战”。

读书并不在多，最重要的是选得精，读得彻底。与其读十部无关轻重的书，不如以读十部书的时间和精力去读一部真正值得读的书；与其十部书都只能泛览一遍，不如取一部书精读十遍。“好书不厌百回读，熟读深思子自知”，这两句诗值得每个读书人悬为座右铭。读书原为自己受用，多读不能算是荣誉，少读也不能算是羞耻。少读如果彻底，必能养成深思熟虑的习惯，涵泳优游，以至于变化气质；多读而不求甚解，则如驰骋十里洋场，虽珍奇满目，徒惹得心慌意乱，空手而归。世间许多人读书只为装点门面，如暴发户炫耀家私，以多为贵。这在治学方面是自欺欺人，在做人方面是趣味低劣。

读的书当分种类，一种是为获得现世界公民所必需的常识，一种是为做专门学问。为获常识起见，目前一般中学和大学初年级的课程，如果认真学习，也就很够用。所谓认真学习，熟读讲义课本并不济事，每科必须精选要籍三五种来仔细玩索一番。常识课程总共不过十数种，每种选读要籍三五种，总计应读的书也不过五十部左右。这不能算是过奢的要求。一般读书人所读过的书大半不止此数，他们不能得实益，是因为他们没有选择，而阅读时又只潦草滑过。

常识不但是现世界公民所必需，就是专门学者也不能缺少它。近代科学分野严密，治一科学问上者多故步自封，以专门为借口，对其他相关学问毫不过问。这对于分工研究或许是必要，而对于淹通深造却是牺牲。宇宙本为有机体，其中事理彼此息息相关，牵其一即动其余，所以研究事理的种种学问在表面上虽可分别，在实际上却不能割开。世间绝没有一科孤立绝缘的学问。比如政治学须牵涉到历史、经济、法律、哲学、心理学以至于外交、军事等等，如果一个人对于这些相关学问未曾问津，入手就要专门习政治学，愈前进必愈感困难，如老鼠钻牛角，愈钻愈窄，寻不着出路。其他学问也大抵如此，不能通就不能专，不能博就不能约。先博学而后守约，这是治任何学问所必守的程序。我们只看学术史，凡是在某一科学问有大成就的人，都必定于许多它科学问有深广的基础。目前我国一般青年学子动辄喜言专门，以至于许多专门学者对于极基本的学科毫无常识，这种风气也许是在国外大学做博士论文的先生们所酿成的。它影响到我们的大学课程，许多学系所设的科目“专”到不近情理，在外国大学研究院里也不一定有。这好像逼吃奶的小孩去嚼肉骨，岂不是误人子弟？

有些人读书，全凭自己的兴趣。今天遇到一部有趣的书就把预拟做的事丢开，用全副精力去读它；明天遇到另一部有趣的书，仍是如此办，虽然这两书在性质上毫不相关。一年之中可以时而习天文，时而研究蜜蜂，时而读莎士比亚。在旁人认为重要而自己不感兴味的书都一概置之不理。这种读法有如打游击，亦如蜜蜂采蜜。它的好处在使读者成为乐事，对于一时兴到的著作可以深入，久而久之，可以养成一种不平凡的思路与胸襟。它的坏处在使读书泛滥而无所归宿，缺乏专门研究所必需的“经院式”的系统训练，产生畸形的发展，对于某一方面知识过于重视，对于另一方面知识可以很蒙昧。我的朋友中有专门读冷僻书籍，对于正经正史从未过问的，他在文学上虽有造就，但不能算是专门学者。如果一个人有时间与精力允许他过享乐主义的生活，不把读书当作工作而只当作消遣，这种蜜蜂采蜜式的读书法原亦未尝不可采用。但是一个人如果抱有成就一种学问的志愿，他就不能不有预定计划与系统。对于他，读书不仅是追求兴趣，尤其是一种训练，一种准备。有些有趣的书他须得牺牲，也有些初看很干燥的书他必须咬定牙关去硬啃，啃久了他自然还可以啃出滋味来。

读书必须有一个中心去维持兴趣，或是科目，或是问题。以科目为中心时，就要精选那一科的要籍，一部一部地从头读到尾，以求对于该科得到一个概括的了解，作进一步高深研究的准备。读文学作品以作家为中心，读史学作品以时代为中心，也属于这一类。以问题为中心时，心中先须有一个待研究的问题。然后采关于这问题的书籍去读，用意在搜集材料和诸家对于这问题的意见，以供自己权衡去取，推求结论。重要的书仍须全看，其余的这里看一章，那里看一节，得到所要搜集的材料就可以丢手。这是一般做研究工作者所常用的方法，对于初学不相宜。不过初学者以科目为中心时，仍可约略采取以问题为中心的微意。一书作几遍看，每一遍只着重某一方面。苏东坡与王朗书曾谈到这个方法：

“少年为学者，每一书皆作数次读之。当如入海百货皆有，人之精力不能并收尽取，但得其所欲求者耳。故愿学者每一次作一意求之，如欲求古今兴亡治乱圣贤作用，且只作此意求之，勿生余念；又别作一次求事迹文物之类，亦如之。他皆仿此。若学成，八面受敌，与慕涉猎者不可同日而语。”

朱子尝劝他的门人采用这个方法。它是精读的一个要诀，可以养成仔细分析的习惯。举看小说为例，第一次但求故事结构，第二次但注意人物描写，第三次但求人物与故事的穿插，以至于对话、辞藻、社会背景、人生态度等等都可如此逐次研求。

读书要有中心，有中心才易有系统组织。比如看史书，假定注意的中心是教育与政治的关系，则全书中所有关于这问题的史实都被这中心联系起来，自成一个系统。以后读其他书籍如经子专集之类，自然也常遇着关于政教关系的事实与理论，它们也自然归到从前看史书时所形成的那个系统了。一个人心里可以同时有许多系统中心，如一部字典有许多“部首”，每得一条新知识，就会依物以类聚的原则，汇归到它的性质相近的系统里去，就如拈新字帖进字典里去，是人旁的字都归到人部，是水旁的字都归到水部。大凡零星片段的知识，不但易忘，而且无用。每次所得的新知识必须与旧有的知识联络贯串，这就是说，必须围绕一个中心归聚到一个系统里去，才会生根，才会开花结果。

记忆力有它的限度，要把读过的书所形成的知识系统，原本枝叶都放在脑里储藏起，在事实上往往不可能。如果不能储藏，过目即忘，则读亦等于不读。我们必须于脑以外另辟储藏室，把脑所储藏不尽的都移到那里去。这种储藏室在从前是笔记，在现在是卡片。记笔记和做卡片有如植物学家采集标本，须分门别类订成目录，采得一件就归入某一门某一类，时间过久了，采集的东西虽极多，却各有班位，条理井然。这是一个极合乎科学的办法，它不但可以节省脑力，储有用的材料，供将来的需要，还可以增强思想的条理化与系统化。预备做研究工作的人对于记笔记做卡片的训练，宜于早下功夫。

壬辰八月十有二日寫生
古香山樵
藕名嘉偶蓮出建房
筆具瑞氣鮮如可嘗
家珎讚

Ⅲ·11

谈休息

越聪明的人，越懂得休息

在世界各民族中，我们中国人要算是最能刻苦耐劳的。第一是农人。他们日出而作，日入而息，不分阴晴冷暖，总是硬着头皮，流着血汗，忙个不休。一年之中，他们最多只能在过年过节时歇上三五天，你如果住在乡下，常看他们在炎天烈日下车水拔草，挑重担推重车上高坡，或是拉牵绳拖重载船上急滩，你对他们会起敬心也会起怜悯心，觉得他们虽是人，却在做牛马的工作，过牛马的生活。读书人比较算是有闲阶级，但在未飞黄腾达以前，也要经过一番艰苦的奋斗。从前私塾学生从天亮到半夜，都有规定的课程，休息对于他们是一个稀奇的名词。小学生们只有在先生打瞌睡时偷耍一阵，万一先生不打瞌睡，就只有找借口逃学。从前读书人误会“自强不息”的意思，以为“不息”就是不要休息。十年不下楼，十年不窥园，囊萤刺股，发愤忘食之类的故事在读书人中传为美谈，奉为模范。近代学校教育比从前私塾教育似乎也并不轻松多少。从小学以至大学，功课都太繁重，每日除上六七小时课外还要看课本做练习。世界各国学校上课钟点之多，假期之短少，似没有比得上我们的。

这种刻苦耐劳的精神原可佩服，但是对于身心两方的修养却是极大的危害。最刻苦耐劳的是我们中国人，体格最羸弱而工作最不讲效率的也是我们中国人。这中间似不无密切关系。我们对于休息的重要性太缺乏彻底的认识了。它看来虽似小问题，却为全民族的生命力所关，不能不提出一谈。

自然界事物都有一个节奏。脉搏一起一伏，呼吸一进一出，筋肉一张一弛，以至日夜的更替，寒暑的来往，都有一个劳动和休息的道理在内。草木和虫豸在冬天要枯要眠，土壤耕种了几年之后须休息，连机器输电灯线也不能昼夜不息地工作。世间没有一件事物能在一个状态维持到久远的，生命就是变化，而变化都有一起一伏的节奏，跳高者为着要跳得高，先蹲着很低；演戏者为着造成一个紧张的局面，先来一个轻描淡写；用兵者守如处女，才能出如脱兔；唱歌者为着要拖长一个高音，先须深深地吸一口气。事例是不胜枚举的。世间固然有些事可以违拗自然去勉强，但是勉强也有它的限度。人的力量，无论是属于身或属于心的，到用过了限度时，必定是由疲劳而衰竭，由衰竭而毁灭。譬如弓弦，老是尽量地拉满不放松，结果必定是裂断。我们中国人的生活常像满引的弓弦，只图张的速效，不顾弛的蓄力，所以常在身心具惫的状态中。这是政教当局所必须设法改善的。

一般人以为多延长工作的时间就可以多收些效果，比如说，一天能走一百里路，多走一天，就可以多走一百里路，如此天天走着不歇，无论走得多久，都可以维持一百里的速度。凡是走过长路的人都知道这算盘打得不很精确，走久了不歇，必定愈走愈慢，以至完全走不动。我们走路的秘诀，“不怕慢，只怕站”，实在只是片面的真理。永远站着固然不行，永远不站也不一定能走得远，不站就须得慢，慢有时延误事机；而偶尔站站却不至于慢，站后再走是加速度的唯一办法。我们中国人做事的通病就在怕站而不怕慢，慢条斯理地不死不活地往前挨，说不做而做着并没有歇，说做却并没有做出什么名色来。许多事就这样因循耽误了。我们只讲工作而不讲效率，在现代社会中，不讲效率，就要落后。西方各国都把效率看做一个迫切的问题，心理学家对这问题做了无数的实验，所得的结论是以同样时间去做同样工作，有休息的比没有休息的效率大得多。比如说，一长页的算学加法习题，继续不断地去做要费两点钟，如果先做五十分钟，继以二十分钟的休息，再做五十分钟，也还可以做完，时间上无损失而错误却较少。西方新式工厂大半都已应用这个原则去调节工作和休息的时间，结果工人的工作时间虽然少了，雇主的出品质量反而增加了。一般以为休息是浪费时间，其实不休息的工作才真是浪费时间。此外还有精力的损耗更不经济。拿中国人与西方人相比，可工作的年龄至少有二十年的差别。我们到五六十岁就衰老无能为，他们那时还正年富力强，事业刚开始，这分别有多大！

休息不仅为工作蓄力，而且有时工作必须在休息中酝酿成熟。法国大数学家潘嘉赉研究数学上的难题，苦思不得其解，后来跑到街上闲逛，原来费尽气力不能解决的难题却于无意中就轻轻易易地解决了。据心理学家的解释，有意识作用的工作须得退到潜意识中酝酿一阵，才得着土生根。通常我们在放下一件工作之后，表面上似在休息，而实际上潜意识中那件工作还在进行。詹姆斯有“夏天学溜冰，冬天学泅水”的比喻，溜冰本来是前冬练习的，今夏无冰可溜，自然就想不到溜冰，算是在休息，但是溜冰的筋肉技巧却恰巧此时凝固起来。泅水也是如此，一切学习都如此。比如我们学写字，用功甚勤，进步总是显得很慢，有时甚至越写越坏。但是如果停下一些时候再写，就猛然觉得字有进步。进步之后又停顿，停顿之后又进步，如此辗转多次，字才易写得好。习字需要停顿，也是因为要有时间让筋肉技巧在潜意识中酝酿凝固。习字如此，习其他技术也是如此。休息的功夫并不是白费的，它的成就往往比工作的成就更重要。

《佛说四十二章经》里有一段故事，戒人为学不宜操之过急，说得很好：

> “沙门夜诵迦叶佛教遗经，其声悲紧，思悔欲退。佛问之曰：‘汝昔在家，曾为何业？’对曰：‘爱弹琴。’佛言：‘弦缓如何？’对曰：‘不鸣矣。’‘弦急如何？’对曰：‘声绝矣。’‘急缓得中如何？’对曰：‘诸音普矣。’佛言：‘沙门学道亦然。心若调适，道可得矣。于道若暴，暴即身疲；其身若疲，意即生恼；意若生恼，行即退矣。’”

我国先儒如程朱诸子教人为学，亦常力戒急迫，主张“优游涵泳”。这四字含有妙理，它所指的功夫是猛火煎后的慢火煨，紧张工作后的潜意识的酝酿。要“优游涵泳”，非有充分休息不可。大抵治学和治事，第一件要事是清明在躬，从容而灵活，常做得自家的主宰，提得起也放得下。急迫躁进最易误事。我有时写字或作文，在意兴不佳或微感倦怠时，手不应心，心里愈想好，而写出来的愈坏，在此时仍不肯丢下，带着几分气愤的念头勉强写下去，写成要不得就扯去，扯去重写仍是要不得，于是愈写愈烦躁，愈烦躁也就写得愈不像样。假如在发现神思不旺时立即丢开，在乡下散步，吸一口新鲜空气，看看蓝天绿水，陡然间心旷神怡，回头来再伏案做事，便觉精神百倍，本来做得很艰苦而不能成功的事，现在做起来却有手挥目送之乐，轻轻易易就做成了。不但作文写字如此，要想任何事做得好，做时必须精神饱满，工作成为乐事。一有倦怠或烦躁的意思，最好就把它搁下休息一会儿，让精神恢复后再来。

人须有生趣才能有生机。生趣是在生活中所领略得的快乐，生机是生活发扬所需要的力量。诸葛武侯所谓“宁静以致远”就包含生趣和生机两个要素在内，宁静才能有丰富的生趣和生机，而没有充分休息做优游涵泳的功夫的人们决难宁静。世间有许多过于辛苦的人，满身是尘劳，满腔是杂念，时时刻刻都为环境的需要所驱遣，如机械一般流转不息，自己做不得自己的主宰，呆板枯燥，没有一点生人之趣。这种人是环境压迫的牺牲者，没有力量抬起头来驾驭环境或征服环境，在事业和学问上都难有真正的大成就。我认识许多穷苦的农人，孜孜不辍的老学究和一天在办公室坐八小时的公务员，都令我起这种感想。假如一个国家里都充满着这种人，我们很难想象出一个光明世界来。

基督教的圣经叙述上帝创造世界的经过，于每段工作完成之后都赘上一句说：“上帝看看他所做的事，看，每一件都很好！”到了第七天，上帝把他的工作都完成了，就停下来休息，并且加福于这第七天，因为在这一天他能够休息。这段简单的文字很可耐人寻味。我们不但需要时间工作，尤其需要时间对于我们所做的事回头看一看，看出它很好；并且工作完成了，我们需要一天休息来恢复疲惫的精神，领略成功的快慰。这一天休息的日子是值得“加福的”，“神圣化的”（圣经里所用的字是blessed and sanctified）。在现代紧张的生活中，我们“车如流水马如龙”地向前直滚，曾不留下一点时光做一番静观和回味，以至华严世相都在特别快车的窗子里滑了过去，而我们也只是轮回戏盘中的木人木马，有上帝的榜样在那里而我们不去学，岂不是浪费生命！

我生平最爱陶渊明在自祭文里所说的两句话：“勤靡余劳，心有常闲。”上句是尼采所说的狄俄尼索斯的精神，下句即是阿波罗的精神。动中有静，常保存自我主宰。这是修养的极境，人事算尽了，而神仙福分也就在尽人事中享着。现代人的毛病是“勤有余劳，心无偶闲”。这毛病不仅使生活索然寡味，身心俱惫，于事劳而无功，而且使人心地驳杂，缺乏冲和弘毅的气象，日日困于名缰利锁，叫整个世界日趋于干枯黑暗。但丁描写魔鬼在地狱中受酷刑，常特别着重“不停留”或“无间断”的字样。“不停留”“无间断”自身就是一种惩罚，甘受这种惩罚的人们是甘愿人间成为地狱。上帝的子孙们，让我们跟着他的榜样，加福于我们工作之后休息的时光啊！

Ⅲ·12

谈消遣

把精力朝另一方面去用

身和心的活动都有有节奏的周期，这周期的长短随各人的体质和物质环境而有差异。在周期的限度之内，工作有它的效果，也有它的快慰。过了周期限度，工作就必产生疲劳，不但没有效果，而且成为苦痛。到了疲劳，就必定有休息，才能恢复工作的效果。这道理极浅，无用深谈。休息的方式甚多，最理想而亦最普遍的是睡眠。在睡眠中生理的功能可以循极自然的节奏进行，各种筋肉虽仍在活动，却不需要紧张的注意力，也没有工作情境需要所加的压迫，它的动作是自由的、自然的、不费力的、倾向弛懈的。一个人如果每天在工作疲劳之后能得到充分时间的熟睡，比任何养生家的秘诀都灵验。午睡尤其有效。午睡醒了，午后又变成了清晨，一日之中就有两度的朝气。西方有些中小学里，时间表内有午睡的规定，那是很合理的。我国的理学家和各派宗教家于睡眠之外练习静坐。静坐可以使心境空灵，生理功能得到人为的调节，功用有时比睡眠更大。但是初习静坐需要注意力的控制，有几分不自然，不易成为恒久的习惯，而且在近代生活状况之下，静坐的条件不易具备，所以它不能很普遍。

睡眠与静坐都不能算是完全的休息，因为许多生理的功能照旧在进行。严格地说，生物在未死以前决不能有完全的休息。有生气就必有活动，“活”与“动”是不可分的。劳而不息固然是苦，息而不劳尤其是苦。生机需要休养，也需要发泄。生机旺而不泄，像春天的草木萌芽被砖石压着，或是把压力推开，冲吐出来，或是变成拳曲黄瘦，失去自然的形态。心理学家已经很明白地指示出来：许多心理的毛病都起于生机不得正当的发泄。从一般生物的生活看，精力的发泄往往同时就是精力的蓄养。人当少壮时期，精力最饱满，需要发泄也就愈强烈，愈发泄，精力也就愈充足。一个生气蓬勃的人必定有多方的兴趣，在每方面的活动都比常人活跃，一个人到了可以索然枯坐而不感觉不安时，他必定是一个行将就木的病夫或老者。如果他们在健康状态中，需要活动而不得活动，他必定感到愁苦抑郁。人生最苦的事是疾病幽囚，因为在疾病幽囚中，他或是失去了精力，或是失去了发泄精力的自由。

精力的发泄有两种途径：一是正当工作，一是普通所谓消遣，包含各种游戏运动和娱乐在内。我们不能用全副精力去工作，因为同样的注意方向和同样的筋肉动作维持到相当的限度，必定产生疲劳，如上所述。人的身心构造是依据分工合作原理的。对于各种工作我们都有相当的一套机器，一种才能和一副精力，比如说，要看有眼，要听有耳，要走有脚，要思想有头脑。我们运用眼的时候，耳可以休息，运用脑的时候，脚可以休息。所以在专用眼之后改着去用耳，或是在专用脑之后改着用脚，我们虽然仍旧在活动，所用以活动的只是耳或脚，眼或脑就可以得到休息了。这种让一部分精力休息而另一部分精力活动的办法在西文中叫作diversion，可惜在中文里没有恰当的译名。这也足见我们没有注意到它的重要。它的意义是“转向”，工作方面的“换口味”，精力的侧出旁击。我们已经说过，生物不能有完全的休息，普通所谓休息，除睡眠以外，大半是diversion，这种“换口味”的办法对于停止的活动是精力的蓄养，对于正在进行的另一活动是精力的发泄。它好比打仗，一部分兵力上前线，另一部分兵力留在后面预备补充。全体的兵力都上了前线，难乎为继；全体的兵力都在后方按兵不动，过久也会疲劳无用，仗自然更打不起来。更番瓜代仍是精力的最经济最合理的支配，无论是在军事方面或是在普通生活方面。

更番瓜代有种种方式。普通读书人用脑的机会比较多，最好常在用脑之后做一番筋肉活动，如散步打球栽花做手工之类，一方面可以使脑得到休息而恢复疲惫，一方面也可以破除同一工作的单调，不至发生厌闷。卢梭谈教育，主张学生多习手工，这不但因为手工有它的特殊的教育功效，也因为用手对于用脑是一种调节。大哲学家斯宾诺莎于研究哲学之外，操磨镜的职业，这固然是为着生活，实在也很合理，因为两种性质相差很远的工作互相更换，互为上文所说的diversion，对于心身都有好影响。就生活理想说，劳心与劳力应该具备于一身，劳力的人绝对不劳心固然变成机械，劳心的人绝对不劳力也难免文弱干枯。现在劳心与劳力成为两种相对峙的阶级，这固然是历史与社会环境所造成的事实，但是我们应该不要忘记它并不甚合理。在可能范围之内，我们应该求心与力的活动能调节适中。我个人很羡慕中世纪欧洲僧院的生活，他们一方面诵经抄书画画而且做很精深的哲学研究，一方面种地砍柴酿酒织布。我尝想到我们的学校在这个经济凋惫之际为什么不想一个自给自足的办法，有系统有计划地采行半工半读制？这不仅是从经济着眼，就从教育着眼，这也是一种当务之急。大部分学生来自田间，将来纵不全数回到田间，也要走进工厂或公务机关；如果在学校里只养成少爷小姐的心习，全不懂民生疾苦，他们决难担负现时代的艰巨责任。当然，本文所说的劳心与劳力的调剂也是一个重要的理由。

不同性质的工作更番瓜代，固可以收到调剂和休息的效用，可是一个人不能时时刻刻都在工作，事实上没有这种需要，而且劳苦过度，工作也变成一种苦事，不能有很大的效率。我们有时须完全放弃工作，做一点无所为而为的活动，享受一点自由人的幸福。工作都有所为而为，带有实用目的；无所为而为，不带实用目的的活动，都可以算作消遣。我们说“消遣”，意谓“混去时光”，含义实在不很好，西方人说“转向”（diversion），意谓“把精力朝另一方面去用”，它和工作同称为occupation，比较可以见出消遣的用处。所谓occupation无恰当中文译词，似包含“占领”和“寄托”二义。在工作和消遣时，都有一件事物“占领”着我们的身心，而我们的身心也就“寄托”在那一件事物里面。身心寄托在那里，精力也就发泄在那里。拉丁文有一句成语说：“自然厌恶空虚。”这句话近代科学仍奉为至理名言。在物理方面，真空固不易维持，一有空隙，就有物来占领；在心理方面，真空虽是一部分宗教家（如禅宗）的理想，在实际上也是反乎自然而为自然所厌恶。我们都不愿意生活中有空隙，都愿常有事物“占领”着身心，没有事做时须找事做，不愿做事时也不甘心闲着，必须找一点玩意儿来消遣，否则便觉得厌闷苦恼。闲惯了，闷惯了，人就变干枯无生气。

消遣就是娱乐，无可消遣当然就是苦闷。世间喜欢消遣的人，无论他们的嗜好如何不同，都有一个共同点，就是他们必都有强旺的生活力，运动家和艺术家如此，嫖客赌徒乃至于烟鬼也是如此。他们的生活力强旺，发泄的需要也就跟着急迫。他们所不同者只在发泄的方式。这有如大水，可以灌田、发电或推动机器，也可以泛滥横流，淹毙人畜草木。同是强旺的生活力，用在运动可以健身，用在艺术可以怡情养性，用在吃喝嫖赌就可以劳民伤财，为非作歹。“浪子回头是个宝”，也就是这个道理。所以消遣看来虽似末节，却与民族性格国家风纪都有密切关系。一个民族兴盛时有一种消遣方式，颓废时又有另一种消遣方式。古希腊罗马在强盛时，人民都欢喜运动、看戏、参加集会，到颓废时才有些骄奢淫逸的玩意儿如玩娈童看人兽斗之类。近代条顿民族多欢喜户外运动，而拉丁民族则多消磨时光于咖啡馆与跳舞厅。我国古代民族娱乐花样本极多，如音乐、跳舞、驰马、试剑、打猎、钓鱼、斗鸡、走狗等等都含有艺术意味或运动意味。后来士大夫阶级偏嗜琴棋书画，虽仍高雅，已微嫌侧重艺术，带有几分“颓废”色彩。近来“民族形式”的消遣似只有打麻将、坐茶馆、吃馆子、逛窑子几种。对于这些玩意儿不感兴趣的人们除着做苦工之外，就只有索然枯坐，不能在生活中领略到一点乐趣。我经过几个大学和中学，看见大部分教员和学生终年没有一点消遣，大家都喊着苦闷，可是大家都不肯出点力把生活略加改善，提倡一些高级趣味的娱乐来排遣闲散时光。从消遣一点看，我们可以窥见民族生命力的低降。这是一个很危险的现象。它的原因在一般人不明了消遣的功用，把它太看轻了。

其实这事并不能看轻。柏拉图计划理想国的政治，主张消遣娱乐都由国法规定。儒家标六艺之教，其中礼乐射御四项都带有消遣娱乐意味，只书数两项才是工作。孔子谈修养，“居于仁”，之后即继以“游于艺”，这足见中西哲人都把消遣娱乐看得很重，梁任公先生有一文讲演消遣，可惜原文不在手边，记得大意是反对消遣浪费时光。他大概有见于近来我国一般消遣方式趣味太低级。但我们不能因噎废食。精力必须发泄，不发泄于有益身心的运动和艺术，便须发泄于有害身心的打牌、抽烟、喝酒、逛窑子。我们要禁绝有害身心的消遣方式，必须先提倡有益身心的消遣方式。比如水势须决堤泛滥，你不愿它决诸东方，就必须让它决诸西方，这是有心政治与教育的人们所应趁早注意设法的。要复兴民族，固然有许多大事要做，可是改善民众消遣娱乐，也未见得就是小事。

Ⅲ·13

谈价值意识

物有本末，事有终始

“物有本末，事有终始，知所先后，则近道矣。”

我初到英国读书时，一位很爱护我的教师——辛博森先生——写了一封很恳切的长信，给我讲为人治学的道理，其中有一句话说：“大学教育在使人有正确的价值意识，知道权衡轻重。”于今事隔二十余年，我还很清楚地记得这句看来颇似寻常的话。在当时，我看到了有几分诧异，心里想：大学教育的功用就不过如此么？这二三十年的人生经验才逐渐使我明白这句话的分量。我有时虚心检点过去，发现了我每次的过错或失败都恰是当人生歧路，没有能权衡轻重，以至去取失当，比如说，我花去许多功夫读了一些于今看来是值不得读的书，做了一些于今看来是值不得做的文章，尝试了一些于今看来是值不得尝试的事，这样地就把正经事业耽误了。好比行军，没有侦出要塞，或是侦出要塞而不尽力去击破，只在无战争重要性的角落徘徊摸索，到精力消耗完了还没碰着敌人，这岂不是愚蠢？

我自己对于这种愚蠢有切身之痛，每衡量当世人物，也喜欢审察他们是否有没有犯同样的毛病。有许多在学问思想方面极为我所敬佩的人，希望本来很大，他们如果死心塌地做他们的学问，成就必有可观。但是因为他们在社会上名望很高，每个学校都要请他们演讲，每个机关都要请他们担任职务，每个刊物都要请他们做文章，这样一来，他们不能集中力量去做一件事，用非其长，长处不能发展，不久也就荒废了。名位是中国学者的大患。没有名位去挣扎求名位，旁驰博骛，用心不专，是一种浪费；既得名位而社会视为万能，事事都来打搅，惹得人心慌意乱，是一种更大的浪费。“古之学者为己，今之学者为人。”在“为人”“为己”的冲突中，“为人”是很大的诱惑。学者遇到这种诱惑，必须知所轻重，毅然有所取舍，否则随波逐流，不旋踵就有没落之祸。认定方向，立定脚跟，都需要很深厚的修养。

“正其谊不谋其利，明其道不计其功”，是儒家在人生理想上所表现的价值意识。“学也禄在其中”，既学而获禄，原亦未尝不可；为干禄而求学，或得禄而忘学，便是颠倒本末。我国历来学子正坐此弊。记得从前有一个学生刚在中学毕业，他的父亲就要他做事谋生，有友人劝阻他说：“这等于吃稻种。”这句聪明话可表现一般家长视教育子弟为投资的心理。近来一般社会重视功利，青年学子便以功利自期，入学校只图混资格作敲门砖，对学问没有浓厚的兴趣，至于立身处世的道理更视为迂阔而远于事情。这是价值意识的混乱。教育的根基不坚实，影响到整个社会风气以至于整个文化。轻重倒置，急其所应缓，缓其所应急，这种毛病在每个人的生活上，在政治上，在整个文化动向上都可以看见。近来我看了英人贝尔的《文化论》（*Clive Bell*： *Civilization*），其中有一章专论价值意识为文化要素，颇引起我的一些感触。贝尔专从文化观点立论，我联想到“价值意识”在人生许多方面的意义。这问题值得仔细一谈。

自然界事物纷纭错杂，人能不为之迷惑，赖有两种发见，一是条理，一是分寸。条理是联系线索，分寸是本末轻重。有了条理，事物才能分别类居，不相杂乱；有了分寸，事物才能尊卑定位，各适其宜。条理是横面上的秩序，分寸是纵面上的等差。条理在大体上是纯理活动的产品，是偏于客观的；分寸的鉴别则有赖于实用智慧，常为情感意志所左右，带有主观的成分。别条理，审分寸，是人类心灵的两种最大的功能，一般自然科学在大体上都是别条理的事，一般含有规范性的学术如文艺伦理政治之类都是审分寸的事。这两种活动有时相依为用，但是别条理易，审分寸难。一个稍有逻辑修养的人大半能别条理，审分寸则有待于一般修养。它不仅是分析，而且是衡量；不仅是知解，而且是抉择。“厩焚，子退朝，曰‘伤人乎？’不问马”这件事本很琐细，但足见孔子心中所存的分寸，这种分寸是他整个人格的表现。

所谓审分寸，就是辨别紧要的与琐屑的，也就是有正确的价值意识。“价值”是一个哲学上的术语，有些哲学家相信世间有绝对价值，永驻常在，不随时空及人事环境为转移，如康德所说的道德责任，黑格尔所说的永恒公理。但是就一般知解说，价值都有对待，高下相形，美丑相彰，而且事物自身本无价值可言，其有价值，是对于人生有效用，效用有大小，价值就有高低。这所谓“效用”自然是指极广义的，包含一切物质的和精神的实益，不单指狭义功利主义所推崇的安富尊荣之类，作为这样的解释，价值意识对于人生委实是重要。人生一切活动，都各追求一个目的，我们必须先估定这目的有无追求的价值。如果根本没有价值而我们去追求，只追求较低的价值，我们就打错了算盘，没有尽量地享受人生最大的好处。有正确的价值意识，我们对于可用的力量才能作最经济的分配，对于人生的丰富意味才能尽量榨取。人投生在这个世界里如入珠宝市，有任意采取的自由，但是货色无穷，担负的力量不过百斤。有人挑去瓦砾，有人挑去钢铁，也有人挑去珠玉，这就看他们的价值意识如何。

价值意识的应用范围极广。凡是出于意志的行为都有所抉择，有所排弃。在各种可能的途径之中择其一而弃其余，都须经过价值意识的审核。小而衣食行止，大而道德学问事功，无一能为例外。

价值通常分为真善美三种。先说真，它是科学的对象，科学的思考在大体上虽偏于别条理，却也须审分寸。它分析事物的属性，必须辨别主要的与次要的；推求事物的成因，必须辨别自然的与偶然的；归纳事例为原则，必须辨别貌似有关的与实际有关的。苹果落地是常事，只有牛顿抓住它的重要性而发明引力定律；蒸汽上腾是常事，只有瓦特抓住它的重要性而发明蒸汽机，就一般学术研究方法说，提纲挈领是一套紧要的功夫，囫囵吞枣必定是食而不化。提纲挈领需要很敏锐的价值意识。

次说美，它是艺术的对象。艺术活动通常分欣赏与创造。欣赏全是价值意识的鉴别，艺术趣味的高低全靠价值意识的强弱。趣味低，不是好坏无鉴别，就是喜欢坏的而不了解好的。趣味高，只有真正好的作品才够味，低劣作品可以使人作呕。艺术方面的爱憎有时更甚于道德方面的爱憎，行为的失检可以原谅，趣味的低劣则无可容恕。至于艺术创造更步步需要谨严的价值意识。在作品酝酿中，许多意象纷呈，许多情致泉涌，当兴高采烈时，它们好像八宝楼台，件件惊心夺目，可是实际上它们不尽经得起推敲，艺术家必能知道割爱，知道剪裁洗炼，才可披沙拣金。这是第一步。已选定的材料需要分配安排，每部分的分量有讲究，各部分的先后位置也有讲究。凡是艺术作品必有头尾和身材，必有浓淡虚实，必有着重点与陪衬点。“譬如北辰，居其所，而众星拱之。”艺术作品的意思安排也是如此。这是第二步。选择安排可以完全是胸中成竹，要把它描绘出来，传达给别人看，必借特殊媒介，如图画用形色，文学用语言。一个意思常有几种说法，都可以说得大致不差，但是只有一种说法，可以说得最恰当妥帖。艺术家对于所用媒介必有特殊敏感，觉得大致不差的说法实在是差以毫厘，谬以千里，并且在没有碰着最恰当的说法以前，心里就安顿不下去，他必肯呕出心肝去推敲。这是第三步。在实际创造时，这三个步骤虽不必分得如此清楚，可是都不可少，而且每步都必有价值意识在鉴别审核。每个大艺术家必同时是他自己的严厉的批评者，一个人在道德方面需要良心，在艺术方面尤其需要良心。良心使艺术家不苟且敷衍，不甘落下乘。艺术上的良心就是谨严的价值意识。

再次说善，它是道德行为的对象。人性本可与为善，可与为恶，世间善人少而不善人多，可知为恶易而为善难。为善所以难者，道德行为虽根于良心，当与私欲相冲突，胜私欲需要极大的意志力。私欲引人朝抵抗力最低的路径走，而道德行为往往朝抵抗力最大的路径走。这本有几分不自然。但是世间终有人为履行道德信条而不惜牺牲一切者，即深切地感觉到善的价值。

“朝闻道，夕死可矣。”孔子醇儒，向少作这样侠士气的口吻，而竟说得如此斩截者，即本于道重于生命一个价值意识。古今许多忠臣烈士宁杀身以成仁，也是有见于此。从短见的功利观点看，这种行为有些傻气。但是人之所以为人，就贵在这点傻气。

说浅一点，善是一种实益，行善社会才可安说宁，人生才有幸福。说深一点，善就是一种美，我们不容行为有瑕疵，犹如不容一件艺术作品有缺陷。求行为的善，即所以维持人格的完美与人性的尊严，善的本身也有价值的等差。“礼与其奢也宁俭，丧与其奢也宁戚”，重在内心不在外表。“男女授受不亲，嫂溺援之以手”，重在权变不在拘守条文。“人尽夫也，父一而已”，重在孝不在爱。忠孝不能两全时，先忠而后孝。以德报怨，即无以报德，所以圣人主以直报怨。“其父攘羊，其子证之”，为国法而伤天伦，所以圣人不取。子夏丧子失明而丧亲民无所闻，所以为曾子所呵责。孔子自己的儿子死只有棺，所以不肯卖车为颜渊买椁。齐人拒嗟来之食，义本可嘉，施者谢罪仍坚持饿死，则为太过。有无相济是正当道理，微生高乞醯以应邻人之求，不得为直。战所以杀敌制胜，宋襄公不鼓不成列，不得为仁。这些事例有极重大的，有极寻常的，都可以说明权衡轻重是道德行为中的紧要功夫。道德行为和艺术一样，都要做得恰到好处。这就是孔子所谓“中”，孟子所谓“义”，中者无过无不及，义者事之宜。要事事得其宜而无过无不及，必须有很正确的价值意识。

真善美三种价值既说明了，我们可以进一步谈人生理想。每个人都不免有一个理想，或为温饱，或为名位，或为学问，或为德行，或为事功，或为醇酒妇人，或为斗鸡走狗，所谓“从其大体者为大人，从其小体者为小人”。这种分别究竟以什么为标准呢？哲学家们都承认：人生最高目的是幸福。什么才是真正的幸福？对于这问题也各有各的见解。积学修德可被看成幸福，饱食暖衣也可被看成幸福，究竟谁是谁非呢？我们从人的观点来说，须认清人的高贵处在哪一点。

很显然地，在肉体方面，人比不上许多动物，人之所以高禽兽者在他的心灵。人如果要充分地表现他的人性，必须充实他的心灵生活。幸福是一种享受。享受者或为肉体，或为心灵。人既有肉体，即不能没有肉体的享受。我们不必如持禁欲主义的清教徒之不近人情，但是我们也须明白：肉体的享受不是人类最上的享受，而是人类与鸡豚狗彘所共有的。

人类最上的享受是心灵的享受。哪些才是心灵的享受呢？就是上文所述的真善美三种价值。学问、艺术、道德几无一不是心灵的活动，人如果在这三方面达到最高的境界，同时也就达到最幸福的境界。一个人的生活是否丰富，这就是说，有无价值，就看他对于心灵或精神生活的努力和成就的大小。如果只顾衣食饱暖而对于真善美漫不感觉兴趣，他就成为一种行尸走肉了。这番道德本无深文奥义，但是说起来好像很迂阔。灵与肉的冲突本来是一个古老而不易化除的冲突。许多人因顾到肉遂忘记灵，相习成风，心灵生活便被视为怪诞无稽的事。尤其是近代人被“物质的舒适”一个观念所迷惑，大家争着去拜财神，财神也就笼罩了一切。“哀莫大于心死”，而心死则由于价值意识的错乱。我们如想改正风气，必须改正教育，想改正教育，必须改正一般人的价值意识。

Ⅲ · 14

谈美感教育

真关于知，善关于意，美关于情

世间事物有真、善、美三种不同的价值，人类心理有知、情、意三种不同的活动。这三种心理活动恰和三种事物价值相当：真关于知，善关于意，美关于情。人能知，就有好奇心，就要求知，就要辨别真伪，寻求真理。人能发意志，就要想好，就要趋善避恶，造就人生幸福。人能动情感，就爱美，就喜欢创造艺术，欣赏人生自然中的美妙境界。求知、想好、爱美，三者都是人类天性；人生来就有真、善、美的需要，真、善、美具备，人生才完美。

教育的功用就在顺应人类求知、想好、爱美的天性，使一个人在这三方面得到最大限度的调和的发展，以达到完美的生活。“教育”一词在西文为education，是从拉丁动词educare来的，原义是“抽出”。所谓“抽出”就是“启发”。教育的目的在“启发”人性中所固有的求知、想好、爱美的本能，使它们尽量生展。中国儒家的最高的人生理想是“尽性”。他们说：“能尽人之性，则能尽物之性；能尽物之性，则可以赞天地之化育。”教育的目的可以说就是使人“尽性”，“发挥性之所固有”。

物有真、善、美三面，心有知、情、意三面，教育求在这三方面同时发展，于是有智育、德育、美育三节目。智育叫人研究学问，求知识，寻真理；德育叫人培养良善品格，学做人处世的方法和道理；美育叫人创造艺术，欣赏艺术与自然，在人生世相中寻出丰富的兴趣。三育对于人生本有同等的重要，但是在流行教育中，只有智育被人看重，德育在理论上的重要性也还没有人否认，至于美育则在实施与理论方面都很少有人顾及。二十年前蔡孑民先生一度提倡过“美育代宗教”，他的主张似没有发生多大的影响。还有一派人不但忽略美育，而且根本仇视美育。他们仿佛觉得艺术有几分不道德，美育对于德育有妨碍。希腊大哲学家柏拉图就以为诗和艺术是说谎的，逢迎人类卑劣情感的，多受诗和艺术的熏染，人就会失去理智的控制而变成情感的奴隶，所以他对诗人和艺术家说了一番客气话之后，就把他们逐出“理想国”的境外。中世纪耶稣教徒的态度很类似。他们以倡苦行主义求来世的解脱，文艺是现世中一种快乐，所以被看成一种罪孽。近代哲学家卢梭是平等自由说的倡导者，照理应该能看得宽远一点，但是他仍是怀疑文艺，因为他把文艺和文化都看成朴素天真的腐化剂。托尔斯泰对近代西方艺术的攻击更丝毫不留情面，他以为文艺常传染不道德的情感，对于世道人心影响极坏。他在《艺术论》里说：“每个有理性有道德的人应该跟着柏拉图以及耶回教师，把这问题重新这样决定：宁可不要艺术，也莫再让现在流行的腐化的虚伪的艺术继续下去。”

这些哲学家和宗教家的根本错误在认定情感是恶的，理性是善的，人要能以理性镇压感情，才达到至善。这种观念何以是错误的呢？人是一种有机体，情感和理性既都是天性固有的，就不容易拆开。造物不浪费，给我们一份家当就有一份的用处。无论情感是否可以用理性压抑下去，纵是压抑下去，也是一种损耗，一种残废。人好比一棵花草，要根茎枝叶花实都得到平均的和谐的发展，才长得繁茂有生气。有些园丁不知道尽草木之性，用人工去歪曲自然，使某一部分发达到超出常态，另一部分则受压抑摧残。这种畸形发展是不健康的状态，在草木如此，在人也是如此。理想的教育不是摧残一部分天性而去培养另一部分天性，以致造成畸形的发展；理想的教育是让天性中所有的潜蓄力量都得尽量发挥，所有的本能都得平均调和发展，以造成一个全人。所谓“全人”除体格强壮以外，心理方面真、善、美的需要必都得到满足。只顾求知而不顾其他的人是书虫；只讲道德而不顾其他的人是枯燥迂腐的清教徒；只顾爱美而不顾其他的人是颓废的享乐主义者。这三种人都不是全人而是畸形人，精神方面的驼子跛子。养成精神方面的驼子跛子的教育，是无可辩护的。

美感教育是一种情感教育。它的重要，我们的古代儒家是知道的。儒家教育特重诗，以为它可以兴观群怨；又特重礼乐，以为“礼以制其宜，乐以导其和”。《论语》有一段话总述儒家教育宗旨说：“兴于诗，立于礼，成于乐。”诗、礼、乐三项可以说都属于美感教育。诗与乐相关，目的在怡情养性，养成内心的和谐（harmony）；礼重仪节，目的在使行为仪表就规范，养成生活上的秩序（order）。蕴于中的是性情，受诗与乐的陶冶而达到和谐；发于外的是行为仪表，受礼的调节而进到秩序。内具和谐而外具秩序的生活，从伦理观点看，是最善的；从美感观点看，也是最美的。儒家教育出来的人，要在伦理和美感观点都可以看得过去。

这是儒家教育思想中最值得注意的一点。他们的着重点无疑地是在道德方面，德育是他们的最后鹄的，这是他们与西方哲学家宗教家柏拉图和托尔斯泰诸人相同的。不过他们高于柏拉图和托尔斯泰诸人，因为柏拉图和托尔斯泰诸人误认美育可以妨碍德育，而儒家则认定美育为德育的必由之径。道德并非陈腐条文的遵守，而是至性真情的流露。所以德育从根本做起，必须怡情养性。美感教育的功用就在怡情养性。所以是德育的基础功夫。严格地说，善与美不但不相冲突，而且到最高境界，根本是一回事。它们的必有条件同是和谐与秩序，从伦理观点看，美是一种善；从美感观点看，善也是一种美。所以在古希腊文与近代德文中，美、善只有一个字，在中文和其他近代语文中，“善”与“美”二字虽分开，仍可互相替用。真正的善人对于生活不苟且，犹如艺术家对于作品不苟且一样。过一世生活好比做一篇文章，文章求惬心贵当，生活也须求惬心贵当。我们嫌恶行为上的卑鄙龌龊，不仅因其不善，也因其丑；我们赞赏行为上的光明磊落，不仅因其善，也因其美。一个真正有美感修养的人，必定同时也有道德修养。

美育为德育的基础，英国诗人雪莱在《诗的辩护》里也说得透辟。他说：“道德的大原在仁爱，在脱离小我，去体验我以外的思想行为和体态的美妙。一个人如果真正做善人，必须能深广地想象，必须能设身处地替旁人想，人类的忧喜苦乐变成他的忧喜苦乐。要达到道德上的善，最大的途径是想象；诗从这根本上做功夫，所以能发生道德的影响。”换句话说，道德起于仁爱，仁爱就是同情，同情起于想象。比如你哀怜一个乞丐，你必定先能设身处地想象他的痛苦。诗和艺术对于主观是情境必能“出乎其外”，对于客观的情境必能“入乎其中”，在想象中领略它，玩索它，所以能扩大想象，培养同情。这种看法也与儒家学说暗合。儒家在诸德中特重“仁”，“仁”近于耶稣教的“爱”、佛教的“慈悲”，是一种天性，也是一种修养。“仁”的修养就在诗。儒家有一句很简赅深刻的话：“温柔敦厚诗教也。”诗教就是美育，温柔敦厚就是“仁”的表现。

美育不但不妨害德育，而且是德育的基础，如上所述。不过美育的价值还不仅在此。西方人有一句恒言说：“艺术是解放的，给人自由的。”（Art is liberative）这句话最能见出艺术的功用，也最能见出美育的功用。现在我们就在这句话的意义上发挥。从哪几方面看，艺术和美育是“解放的，给人自由的”呢？

第一是本能冲动和情感的解放。人类生来有许多本能冲动和附带的情感，如性欲、生存欲、占有欲、爱、恶、怜、惧之类。本自然倾向，它们都需要活动，需要发泄。但是在实际生活中，它们不但常彼此互相冲突，而且与文明社会的种种约束如道德宗教法律习俗之类不相容。我们每个人都知道，本能冲动和欲望是无穷的，而实际上有机会实现的却寥寥有数。我们有时察觉到本能冲动和欲望不大体面，不免起羞恶之心，硬把它们压抑下去；有时自己对它们虽不羞恶，而社会的压力过大，不容它们赤裸裸地暴露，也还是被压抑下去。性欲是一个最显著的例。从前哲学家宗教家大半以为这些本能冲动和情感是卑劣的、不道德的、危险的，承认压抑是最好的处置。他们的整部道德信条有时只在以理智镇压情欲。我们在上文指出这种看法的不合理，说它违背平均发展的原则，容易造成畸形发展。其实它的祸害还不仅此。弗洛伊德（Freud）派心理学告诉我们，本能冲动和附带的情感仅可暂时压抑而不可永远消灭，它们理应有自由活动的机会。如果勉强被压抑下去，表面上像是消灭了，实际上在潜意识里凝聚成精神上的疮疖，为种种变态心理和精神病的根源。依弗洛伊德说，我们现代文明社会中人因受道德宗教法律习俗的裁制，本能冲动和情感常难得正常的发泄，大半都有些“被压抑的欲望”所凝成的“情意综”（complexes）。这些“情意综”潜蓄着极强烈的捣乱力，一旦爆发，就成精神上种种病态。但是这种潜力可以借文艺而发泄，因为文艺所给的是想象世界，不受现实世界的束缚和冲突。在这想象世界中，欲望可以用“望梅止渴”的办法得到满足。文艺还把带有野蛮性的本能冲动和情感提到一个较高尚较纯洁的境界去活动，所以有升华作用（sublimation）。有了文艺，本能冲动和情感才得自由发泄，不致凝成疮疖酿成精神病，它的功用有如机器方面的“安全瓣”（safety volve）。弗洛伊德的心理学有时近于怪诞，但实含有一部分真理。文艺和其他美感活动给本能冲动和情感以自由发泄的机会，在日常经验中也可以得到证明。我们每当愁苦无聊时，费一点功夫来欣赏艺术作品或自然风景，满腹的牢骚就马上烟消云散了。读古人痛快淋漓的文章，我们常有“先得我心”的感觉。看过一部戏或是读过一部小说以后，我们觉得曾经紧张了一阵是一件痛快事。这些快感都起于本能冲动和情感在想象世界中得解放。最好的例子是歌德著《少年维特之烦恼》的经过。他少时爱过一个已经许人的女子，心里痛苦已极，想自杀以了一切。有一天他听到一位朋友失恋自杀的消息，想到这事和他自己的境遇相似，可以写成一部小说。他埋头两礼拜，写成《少年维特之烦恼》，把自己心中怨慕愁苦的情绪一齐倾泻到书里。书成了，他的烦恼便去了，自杀的念头也消了。从这实例看，文艺确有解放情感的功用，而解放情感对于心理健康也确有极大的裨益。我们通常说一个人情感要有所寄托，才不致苦恼烦闷。文艺是大家公认为寄托情感的最好的处所。所谓“情感有所寄托”还是说它要有地方可以活动，可得解放。

第二是眼界的解放。宇宙生命时时刻刻在变动进展中，希腊哲人有“濯足急流，抽足再入，已非前水”的譬喻。所以在这种变动进展的过程中每一时每一境都是个别的、新鲜的、有趣的。美感经验并无深文奥义，它只在人生世相中见出某一时某一境特别新鲜有趣而加以流连玩味，或者把它描写出来。这句话中“见”字最紧要。我们一般人对于本来在那里的新鲜有趣的东西不容易“见”着。这是什么缘故呢？不能“见”

必有所蔽。我们通常把自己囿在习惯所画成的狭小圈套里，让它把眼界“蔽”着，使我们对它以外的世界都视而不见，听而不闻。比如我们如果囿于饮食男女，饮食男女以外的事物就见不着；囿于奔走钻营，奔走钻营以外的事就见不着。有人向海边农夫称赞他的门前海景美，他很羞涩地指着屋后菜园说：“海没有什么，屋后的一园菜倒还不差。”一园菜囿住了他，使他不能见到海景美。我们每个人都有所囿，有所蔽，许多东西都不能见，所见到的天地是非常狭小的、陈腐的、枯燥的。诗人和艺术家所以超过我们一般人者就在情感比较真挚，感觉比较敏锐，观察比较深刻，想象比较丰富。我们“见”不着的他们“见”得着，并且他们“见”得到就说得出；我们本来“见”不着的他们“见”着说出来了，就使我们也可以“见”着。像一位英国诗人所说的，他们“借他们的眼睛给我们看”（They lend their eyes for us to see）。中国人爱好自然风景的趣味是陶谢王韦诸诗人所传染的。在Turner和Whistler以前，英国人就没有注意到泰晤士河上有雾。Byron以前，欧洲人很少赞美威尼斯。前一世纪的人崇拜自然，常咒骂城市生活和工商业文化，但是现代美国俄国的文学家有时把城市生活和工商业文化写得也很有趣。人生的罪孽灾害通常只引起愤恨，悲剧却教我们于罪孽灾祸中见出伟大壮严；丑陋乖讹通常只引起嫌恶，喜剧却教我们在丑陋乖讹中见出新鲜的趣味。Rembrandt画过一些疲癃残疾的老人以后，我们见出丑中也还有美。象征诗人出来以后，许多一纵即逝的情调使我们觉得精细微妙，特别值得留恋。文艺逐渐向前伸展，我们的眼界也逐渐放大，人生世相越显得丰富华严。这种眼界的解放给我们不少的生命力量，我们觉得人生有意义，有价值，值得活下去。许多人嫌生活干燥，烦闷无聊，原因就在缺乏美感修养，见不着人生世相的新鲜有趣。这种人最容易堕落颓废，因为生命对于他们失去意义与价值。“哀莫大于心死”，所谓“心死”

就是对于人生世相失去解悟与留恋，就是不能以美感态度去观照事物。美感教育不是替有闲阶级增加一件奢侈，而是使人在丰富华严的世界中，随处吸收支持生命和推展生命的活力。朱子有一首诗说：“半亩方塘一鉴开，天光云影共徘徊，问渠那得清如许？为有源头活水来。”这诗所写的是一种修养的胜境。美感教育给我们的就是“源头活水”。

第三是自然限制的解放。这是德国唯心派哲学家康德、席勒、叔本华、尼采诸人所最着重的一点，现在我们用浅近语来说明它。自然世界是有限的，受因果律支配的，其中毫末细故都有它的必然性，因果线索命定它如此，它就丝毫移动不得。社会由历史铸就，人由遗传和环境造成。人的活动寸步离不开物质生存条件的支配，没有翅膀就不能飞，绝饮食就会饿死。由此类推，人在自然中是极不自由的。动植物和非生物一味顺从自然，接受它的限制，没有过分希冀，也就没有失望和痛苦。人却不同，他有心灵，有不可压的欲望，对于无翅不飞绝食饿死之类事实总觉有些歉然。人可以说是两重奴隶，第一服从自然的限制，其次要受自己的欲望驱使。以无穷欲望处有限自然，人便觉得处处不如意、不自由，烦闷苦恼都由此起。专就物质说，人在自然面前是很渺小的，他的力量抵不住自然的力量，无论你有多大的成就，到头终不免一死，而且科学告诉我们，人类一切成就到最后都要和诸星球同归于毁灭。在自然圈套中求征服自然是不可能的，好比孙悟空跳来跳去，终跳不出如来佛的掌心。但是在精神方面，人可以跳开自然的圈套而征服自然，他可以在自然世界之外另在想象中造出较能合理慰情的世界。这就是艺术的创造。在艺术创造中可以把自然拿在手里来玩弄，剪裁它、锤炼它，重新给以生命与形式。每一部文艺杰作以至于每人在人生自然中所欣赏到的美妙境界都是这样创造出来的。美感活动是人在有限中所挣扎得来的无限，在奴属中所挣扎得来的自由。在服从自然限制而汲汲于饮食男女的寻求时，人是自然的奴隶；在超脱自然限制而创造欣赏艺术境界时，人是自然的主宰。换句话说，就是上帝。多受些美感教育，就是多学会如何从自然限制中解放出来，由奴隶变成上帝，充分地感觉人的尊严。

爱美是人类天性，凡是天性中所固有的必须趁适当时机去培养，否则像花草不及时下种及时培植一样，就会凋残萎谢。达尔文在自传里懊悔他一生专在科学上做功夫，没有把他年轻时对于诗和音乐的兴趣保持住，到老来他想用诗和音乐来调剂生活的枯燥，就抓不回年轻时那种兴趣，觉得从前所爱好的诗和音乐都索然无味。他自己说这是一部分天性的麻木。这是一个很好的前车之鉴。美育必须从年轻时就下手。年纪愈大，外务日纷繁，习惯的牢笼愈坚固，感觉愈迟钝，心里愈复杂，欣赏艺术力也就愈薄弱。我时常想，无论学哪一科专门学问，干哪一行职业，每个人都应该会听音乐，不断地读文学作品，偶尔有欣赏图画雕刻的机会。在西方社会中，这些美感活动是每个受教育者的日常生活中的重要节目。我们中国人除专习文学艺术者以外，一般人对于艺术都漠不关心。这是最可惋惜的事。它多少表示民族生命力的低降，与精神的颓靡。从历史看，一个民族在最兴旺的时候，艺术成就必伟大，美育必发达。史诗悲剧时代的希腊、文艺复兴时代的意大利、莎士比亚时代的英国、歌德和贝多芬时代的德国都可以为证。我们中国人，古代对于诗乐舞的嗜好也极普遍。《诗经》《礼记》《左传》诸书所记载的歌乐舞的盛况常使人觉得仿佛是置身近代欧洲社会。孔子处周衰之际，特置慨于诗亡乐坏，也是见到美育与民族兴衰的关系密切。现在我们要想复兴民族，必须恢复周以前歌乐舞的盛况，这就是说，必须提倡普及的美感教育。这是负教育责任的人们所应该特别注意的。

余聞太眞茲言千載猶縈方寸
葉桃即今所名西施桃是也
重曰不信春風有別姿夭夭初可
西施綄紗溪畔逢人怯認恥嬌羞上
時戊戌玄月家珎題
六宮粉黛頓凄涼千葉桃花也
澹粧寄語芙蓉秋漸老一番人面

肆 不刻意为之的生活

《谈交友》

“所谓美好，就是摆脱了功利之心。”

Ⅳ·01

文学与人生

与人生最密切相关的艺术

文学是以语言文字为媒介的艺术。就其为艺术而言，它与音乐图画雕刻及一切号称艺术的制作有共同性：作者对于人生世相都必有一种独到的新鲜的观感，而这种观感都必有一种独到的新鲜的表现；这观感与表现即内容与形式，必须打成一片，融合无间，成为一种有生命的和谐的整体，能使观者由玩索而生欣喜。达到这种境界，作品才算是“美”。美是文学与其他艺术所必具的特质。就其以语言文字为媒介而言，文学所用的工具就是我们日常运思说话所用的工具，无待外求，不象形色之于图画雕刻，乐声之于音乐。每个人不都能运用形色或音调，可是每个人只要能说话就能运用语言，只要能识字就能运用文字。语言文字是每个人表现情感思想的一套随身法宝，它与情感思想有最直接的关系。因为这个缘故，文学是一般人接近艺术的一条最直截简便的路；也因为这个缘故，文学是一种与人生最密切相关的艺术。

我们把语言文字联在一起说，是就文化现阶段的实况而言，其实在演化程序上，先有口说的语言而后有手写的文字，写的文字与说的语言在时间上的距离可以有数千年乃至数万年之久，到现在世间还有许多民族只有语言而无文字。远在文字未产生以前，人类就有语言，有了语言就有文学。文学是最原始的也是最普遍的一种艺术。在原始民族中，人人都喜欢唱歌，都喜欢讲故事，都喜欢戏拟人物的动作和姿态。这就是诗歌、小说和戏剧的起源。于今仍在世间流传的许多古代名著，像中国的《诗经》，希腊的荷马史诗，欧洲中世纪的民歌和英雄传说，原先都由口头传诵，后来才被人用文字写下来。在口头传诵的时期，文学大半是全民众的集体创作。一首歌或是一篇故事先由一部分人倡始，一部分人随和，后来一传十，十传百，辗转相传，每个传播的人都贡献一点心裁把原文加以润色或增损。我们可以说，文学作品在原始社会中没有固定的著作权，它是流动的，生生不息的，集腋成裘的。它的传播期就是它的生长期，它的欣赏者也就是它的创作者。这种文学作品最能表现一个全社会的人生观感，所以从前关心政教的人要在民俗歌谣中窥探民风国运，采风观乐在春秋时还是一个重要的政典。我们还可以进一步说，原始社会的文学就几乎等于它的文化；它的历史、政治、宗教、哲学等等都反映在它的诗歌、神话和传说里面。希腊的神话史诗，中世纪的民歌传说以及近代中国边疆民族的歌谣、神话和民间故事都可以为证。

口传的文学变成文字写定的文学，从一方面看，这是一个大进步，因为作品可以不纯由记忆保存，也不纯由口诵流传，它的影响可以扩充到更久更远。但从另一方面看，这种变迁也是文学的一个厄运，因为识字另需一番教育，文学既由文字保存和流传，文字便成为一种障碍，不识字的人便无从创造或欣赏文学，文学便变成一个特殊阶级的专利品。文人成了一个特殊阶级，而这阶级化又随社会演进而日趋尖锐，文学就逐渐和全民众疏远。这种变迁的坏影响很多，第一，文学既与全民众疏远，就不能表现全民众的精神和意识，也就不能从全民众的生活中吸收力量与滋养，它就不免由狭窄化而传统化，形式化，僵硬化。其次，它既成为一个特殊阶级的兴趣，它的影响也就限于那个特殊阶级，不能普及于一般人，与一般人的生活不发生密切关系，于是一般人就把它认为无足轻重。文学在文化现阶段中几已成为一种奢侈，而不是生活的必需。在最初，凡是能运用语言的人都爱好文学；后来文字产生，只有识字的人才能爱好文学；现在连识字的人也大半不能爱好文学，甚至有一部分人鄙视或仇视文学，说它的影响不健康或根本无用。在这种情形之下，一个人要想郑重其事地来谈文学，难免有几分心虚胆怯，他至少须说出一点理由来辩护他的不合时宜的举动。这篇开场白就是替以后陆续发表的十几篇谈文学的文章作一个辩护。

先谈文学有用无用问题。一般人嫌文学无用，近代有一批主张“为文艺而文艺”的人却以为文学的妙处正在它无用。它和其他艺术一样，是人类超脱自然需要的束缚而发出的自由活动。比如说，茶壶有用，因能盛茶，是壶就可以盛茶，不管它是泥的瓦的扁的圆的，自然需要止于此。但是人不以此为满足，制壶不但要能盛茶，还要能娱目赏心，于是在质料、式样、颜色上费尽机巧以求美观。就浅狭的功利主义看，这种功夫是多余的，无用的；但是超出功利观点来看，它是人自作主宰的活动。

人不惮烦要作这种无用的自由活动，才显得人是自家的主宰，有他的尊严，不只是受自然驱遣的奴隶；也才显得他有一片高尚的向上心。要胜过自然，要弥补自然的缺陷，使不完美的成为完美。文学也是如此。它起于实用，要把自己所知所感的说给旁人知道；但是它超过实用，要找好话说，要把话说得好，使旁人在话的内容和形式上同时得到愉快。文学所以高贵，值得我们费力探讨，也就在此。

这种“为文艺而文艺”的看法确有一番正当道理，我们不应该以浅狭的功利主义去估定文学的身价。但是我以为我们纵然退一步想，文学也不能说是完全无用。人之所以为人，不只因为他有情感思想，尤在他能以语言文字表现情感思想。试假想人类根本没有语言文字，像牛羊犬马一样，人类能否有那样光华灿烂的文化？文化可以说大半是语言文字的产品。有了语言文字，许多崇高的思想，许多微妙的情境，许多可歌可泣的事迹才能流传广播，由一个心灵出发，去感动无数心灵，去启发无数心灵的创造。这感动和启发的力量大小与久暂，就看语言文字运用得好坏。在数千载之下，《左传》《史记》所写的人物事迹还活现在我们眼前，若没有左丘明、司马迁的那种生动的文笔，这事如何能做到？在数千载之下，柏拉图的《对话集》所表现的思想对于我们还是那么亲切有趣，若没有柏拉图的那种深入而浅出的文笔，这事又如何能做到？从前也许有许多值得流传的思想与行迹，因为没有遇到文人的点染，就淹没无闻了。我们自己不时常感觉到心里有话要说而说不出的苦楚么？孔子说得好："言之无文，行之不远。"单是"行远"这一个功用就深广不可思议。

柏拉图、卢梭、托尔斯泰和程伊川都曾怀疑到文学的影响，以为它是不道德的或是不健康的。世间有一部分文学作品确有这种毛病，本无可讳言，但是因噎不能废食，我们只能归咎于作品不完美，不能断定文学本身必有罪过。从纯文艺观点看，在创作与欣赏的聚精会神的状态中，心无旁涉，道德的问题自无从闯入意识阈。纵然离开美感态度来估定文学在实际人生中的价值，文艺的影响也决不会是不道德的，而且一个人如果有纯正的文艺修养，他在文艺方面所受的道德影响可以比任何其他体验与教训的影响更为深广。"道德的"与"健全的"原无二义。健全的人生理想是人性的多方面的谐和的发展，没有残废也没有臃肿。譬如草木，在风调雨顺的环境之下，它的一般生机总是欣欣向荣，长得枝条茂畅，花叶扶疏。情感思想便是人的生机，生来就需要宣泄生长，发芽开花。有情感思想而不能表现，生机便遭窒塞残损，好比一株发育不完全而呈病态的花草。文艺是情感思想的表现，也就是生机的发展，所以要完全实现人生，离开文艺决不成。世间有许多对文艺不感兴趣的人干枯浊俗，生趣索然，其实都是一些精神方面的残废人，或是本来生机就不畅旺，或是有畅旺的生机因为窒塞而受摧残。如果一种道德观要养成精神上的残废人，它本身就是不道德的。

表现在人生中不是奢侈而是需要，有表现才能有生展，文艺表现情感思想，同时也就滋养情感思想使它生展。人都知道文艺是“怡情养性”的。请仔细玩索“怡养”两字的意味！性情在怡养的状态中，它必定是健旺的，生发的，快乐的。这“怡养”两字却不容易做到，在这纷纭扰攘的世界中，我们大部分时间与精力都费在解决实际生活问题，奔波劳碌，很机械地随着疾行车流转，一日之中能有几许时刻回想到自己有性情？还论怡养！凡是文艺都是根据现实世界而铸成另一超现实的意象世界，所以它一方面是现实人生的返照，一方面也是现实人生的超脱。在让性情怡养在文艺的甘泉时，我们霎时间脱去尘劳，得到精神的解放，心灵如鱼得水地徜徉自乐；或是用另一个比喻来说，在干燥闷热的沙漠里走得很疲劳之后，在清泉里洗一个澡，绿树荫下歇一会儿凉。世间许多人在劳苦里打翻转，在罪孽里打翻转，俗不可耐，苦不可耐，原因只在洗澡歇凉的机会太少。

从前中国文人有“文以载道”的说法，后来有人嫌这看法的道学气太重，把“诗言志”一句老话抬出来，以为文学的功用只在言志；释志为“心之所之”，因此言志包涵表现一切心灵活动在内。

文学理论家于是分文学为“载道”、“言志”两派，仿佛以为这两派是两极端，绝不相容——“载道”是“为道德教训而文艺”，“言志”是“为文艺而文艺”。其实这问题的关键全在“道”字如何解释。如果释“道”为狭义的道德教训，载道就显然小看了文学。

文学没有义务要变成劝世文或是修身科的高头讲章。如果释“道”为人生世相的道理，文学就决不能离开“道”，“道”就是文学的真实性。志为心之所之，也就要合乎“道”，情感思想的真实本身就是“道”，所以“言志”即“载道”，根本不是两回事，哲学科学所谈的是“道”，文艺所谈的仍然是“道”，所不同者哲学科学的道是抽象的，是从人生世相中抽绎出来的，好比从盐水中所提出来的盐；文艺的道是具体的，是含蕴在人生世相中的，好比盐溶于水，饮者知咸，却不辨何者为盐，何者为水。用另一个比喻来说，哲学科学的道是客观的、冷的、有精气而无血肉的；文艺的道是主观的、热的，通过作者的情感与人格的渗沥，精气与血肉凝成完整生命的。换句话说，文艺的“道”与作者的“志”融为一体。

我常感觉到，与其说“文以载道”，不如说“因文证道”。《楞严经》记载佛有一次问他的门徒从何种方便之门，发菩提心，证圆通道。几十个菩萨罗汉轮次起答，有人说从声音，有人说从颜色，有人说从香味，大家总共说出二十五个法门（六根、六尘、六识、七大，每一项都可成为证道之门）。读到这段文章，我心里起了一个幻想，假如我当时在座，轮到我起立作答时，我一定说我的方便之门是文艺。我不敢说我证了道，可是从文艺的玩索，我窥见了道的一斑。文艺到了最高的境界，从理智方面说，对于人生世相必有深广的观照与彻底的了解，如阿波罗凭高远眺，华严世界尽成明镜里的光影，大有佛家所谓万法皆空，空而不空的景象：从情感方面说，对于人世悲欢好丑必有平等的真挚的同情，冲突化除后的谐和，不沾小我利害的超脱，高等的幽默与高度的严肃，成为相反者之同一。柏格森说世界时时刻刻在创化中，这好比一个无始无终的河流，孔子所看到的“逝者如斯夫，不舍昼夜”，希腊哲人所看到的“濯足清流，抽足再入，已非前水”，所以时时刻刻有它的无穷的兴趣。抓住某一时刻的新鲜景象与兴趣而给以永恒的表现，这是文艺。一个对于文艺有修养的人决不感觉到世界的干枯或人生的苦闷。他自己有表现的能力固然很好，纵然不能，他也有一双慧眼看世界，整个世界的动态便成为他的诗，他的图画，他的戏剧，让他的性情在其中“怡养”。到了这种境界，人生便经过了艺术化，而身历其境的人，在我想，可以算得一个有“道”之士。从事于文艺的人不一定都能达到这个境界，但是它究竟不失为一个崇高的理想，值得追求，而且在努力修养之后，可以追求得到。

Ⅳ

·

02

从我怎样学国文开始

风格就是人格

我学国文，走过许多纡回的路，受过极旧的和极新的影响。如果用自然科学家解剖形态和穷究发展的方法将这过程作一番检讨，倒是一件很有趣的事情。

我在十五岁左右才进小学，以前所受的都是私塾教育。从六岁起读书，一直到进小学，我没有从过师，我的唯一的老师就是我的父亲。我的祖父做得很好的八股文，父亲处在八股文和经义策论交替的时代。他们读什么书，也就希望我读什么书。应付科举的一套家当委实可怜，四书、五经、纲鉴、《唐宋八大家文选》、《古唐诗选》之外就几乎全是闱墨制义。

五经之中，我幼时全读的只是《书经》《左传》。《诗经》我没有正式地读，家塾里有人常在读，我听了多遍，就能成诵大半。于今我记得最熟的经书，除《论语》外，就是听会的一套《诗经》。我因此想到韵文入人之深，同时，读书用目有时不如用耳。私塾的读书程序是先背诵后讲解。

在“开讲”时，我能了解的很少，可是熟读成诵，一句一句地在舌头上滚将下去，还拉一点腔调，在儿童时却是一件乐事。这早年读经的教育我也曾跟着旁人咒骂过，平心而论，其中也不完全无道理。我现在所记的书大半还是儿时背诵过的，当时虽不甚了了，现在回忆起来，不断地有新领悟，其中意味确是深长。

父亲有些受过学校教育的朋友，教我的方法多少受了新潮流的影响。我“动笔”时，他没有教我做破题起讲，只教我做日记。他先告诉我日间某事可记，并且指出怎样记法，记好了，他随看随改，随时讲给我听。有一次我还记得很清楚，宅旁发见一个古墓，掘出两个瓦瓶，父亲和伯父断定它们是汉朝的古物（他们的考古知识我无从保证），把它们洗干净，供在香炉前的条几上，两人磋商了一整天，做了一篇“古文”的记，用红纸楷书恭写，贴在瓶子上面。伯父提议让我也写一篇，父亲说：“他！还早呢。”言下大有鄙夷之意。我当时对于文字起了一种神秘意识，仿佛此事非同小可，同时也渴望有一天能够得上记古瓶。

日记能记到一两百字时，父亲就开始教我做策论经义。当时科举已废除，他还传给我这一套应付科举的把戏，无非是“率由旧章”，以为读书人原就应该弄这一套。现在的读者恐怕对这些名目已很茫然，似有略加解释的必要。所谓“经义”是在经书中挑一两句做题目，就抱着那题目发挥成一篇文章，例如题目是“知耻近乎勇”，你就说明知耻何以近乎勇，“耻”与“勇”须得一番解释，“近乎”二字更大有文章可做。

所谓“策”是在时事中挑一个问题，让你出一个主意，例如题目是“肃清匪患”，你就条陈几个办法，并且详述利弊，显出你有经邦济世的本领。所谓“论”就是议论是非长短，或是评衡人物，刘邦和项羽究竟哪一个高明，或是判断史事，孙权究竟该不该笼络曹操。做这几类文章，你都要说理，所说的尽管是歪理，只要能自圆其说，歪也无妨。翻案文章往往见得独出心裁。这类文章有它们的传统做法。开头要一个帽子，从广泛的大道理说起，逐渐引到本题，发挥一段意思，于是转到一个“或者曰”式的相反的议论，把它驳倒，然后作一个结束。这就是所谓“起承转合”。这类文章没有什么文学价值，人人都知道。但是当作一种写作训练看，它也不是完全无用。在它的狭窄范围内，如果路走得不错，它可以启发思想，它的形式尽管是呆板，它究竟有一个形式。我从十岁左右起到二十岁左右止，前后至少有十年的光阴都费在这种议论文上面。这训练造成我的思想的定型，注定我的写作的命运。我写说理文很容易，有理我都可以说得出，很难说的理我能用很浅的话说出来。这不能不归功于幼年的训练。但是就全盘计算，我自知得不偿失。在应该发展想象力的年龄，我的空洞的脑袋被歪曲到抽象的思想工作方面去，结果我的想象力变成极平凡，我把握不住一个有血有肉有光有热的世界，在旁人脑里成为活跃的戏景画境的，在我脑里都化为干枯冷酷的理。我写不出一篇过得去的描写文，就吃亏在这一点。

我自幼就很喜欢读书。家中可读的书很少，而且父亲向来不准我乱翻他的书箱。每逢他不在家，我就偷尝他的禁果。我翻出储同人评选的《史记》《战国策》《左传》、西汉文之类，随便看了几篇，就觉得其中趣味无穷。本来我在读《左传》，可是当作正经功课读的《左传》文章虽好，却远不如自己偷着看的《史记》《战国策》那么引人入胜。像《项羽本纪》那种长文章，我很早就熟读成诵。王应麟的《困学纪闻》也有些地方使我很高兴。父亲没有教我读八股文，可是家里的书大半是八股文，单是祖父手抄的就有好几箱，到无书可读时，连这角落里我也钻了进去。坦白地说，我颇觉得八股文也有它的趣味。它的布置很匀称完整，首尾条理线索很分明，在狭窄范围与固定形式之中，翻来覆去，往往见出作者的匠心。我于今还记得一篇《止子路宿》，写得真唯妙唯肖，入情入理。八股文之外，我还看了一些七杂八拉的东西，试帖诗、《楹联丛话》《广治平略》《事类统论》《历代名臣言行录》《粤匪纪略》，以至于《验方新编》《麻衣相法》《太上感应篇》和牙牌起数用的词。家住在穷乡僻壤，买书甚难。距家二三十里地有一个牛王集，每年清明前后附近几县农人都到此买卖牛马。各种商人都来兜生意，省城书贾也来卖书籍文具。

我有一个族兄每年都要到牛王集买一批书回来，他的回来对于我是一个盛典。我羡慕他有去牛王集的自由，尤其是有买书的自由。书买回来了，他很慷慨地借给我看。由于他的慷慨，我读到《饮冰室文集》。这部书对于我启示一个新天地，我开始向往“新学”，我开始为《意大利三杰传》的情绪所感动。作者那一种酣畅淋漓的文章对于那时的青年人真有极大的魔力，此后有好多年我是梁任公先生的热烈的崇拜者。有一次报纸误传他在上海被难，我这个素昧平生的小子在一个偏僻的乡村里为他伤心痛哭了一场。也就从饮冰室的启示，我开始对于小说戏剧发生兴趣。父亲向不准我看小说，家里除一套《三国演义》以外，也别无所有。但是《水浒传》《红楼梦》《琵琶记》《西厢记》几种我终于在族兄处借来偷看过。因为读这些书，我开始注意金圣叹，“才子”、“情种”之类观念开始在我脑里盘旋。总之，我幼时头脑所装下的书好比一个灰封尘迹的荒货摊，大部分是破铜烂铁，中间也夹杂有几件较名贵的古董。由于这早年的习惯，我至今读书不能专心守一个范围，总爱东奔西窜，许多不同的东西令我同样感觉兴趣。

我在小学里只住了一学期就跳进中学。中学教育对于我较深的影响是“古文”训练。说来也很奇怪，我是桐城人，祖父和古文家吴挚甫先生有交谊，他所廪保的学生陈剑潭先生做古文也曾享一时盛名，可是我家里从没有染着一丝毫的古文派风气。科举囿人，于此可见一斑。进了中学，我才知道有桐城派古文这么一回事。那时候我的文字已粗清通，年纪在同班中算是很小，特别受国文教员们赏识。学校里做文章的风气确是很盛，考历史、地理可以做文章，考物理、化学也还可以做文章，所以我到处占便宜。教员们希望这小子可以接古文一线之传，鼓励我做，我越做也就越起劲。

读品大半选自《古文辞类纂》和《经史百家杂钞》。各种体裁我大半都试作过。那时候我的模仿性很强，学欧阳修、归有光有时居然学得很像。学古文别无奥诀，只要熟读范作多篇，头脑里甚至筋肉里都浸润下那一套架子，那一套腔调，和那一套用字造句的姿态，等你下笔一摇，那些“骨力”、“神韵”就自然而然地来了，你就变成一个扶乩手，不由自主地动作起来。桐城派古文曾博得“谬种”的称呼。依我所知，这派文章大道理固然没有，大毛病也不见得很多。它的要求是谨严典雅，它忌讳浮词堆砌，它讲究声音节奏，它着重立言得体。古今中外的上品文章似乎都离不掉这几个条件。它的唯一毛病就是文言文，内容有时不免空洞，以至谨严到干枯，典雅到俗滥。这些都是流弊，作始者并不主张如此。

兴趣既偏向国文，在中学毕业后我就决定升大学入国文系。我很想进北京大学，因为路程远，花费多，家贫无力供给，只好就近进了武昌高等师范学校。在武昌待了一年光景，使我至今还留恋的只有洪山的红菜薹，蛇山的梅花和江边几条大街上的旧书肆。至于学校却使我大失所望，里面国文教员还远不如在中学教我的那些老师。那位以地理名家的系主任以冬烘学究而兼有海派学者的习气，走的全是左道旁门，一面在灵学会里扶乩请仙，一面在讲台上提倡孔教，讲书一味穿凿附会，黑水变成黑海，流沙便是非洲沙漠。另外有一位教员讲《孟子》，在每章中都发见一个文章义法，章章不同，这章是“开门见山”，那章是“一针见血”，另一章又是“拨茧抽丝”。一团乌烟瘴气，弄得人啼笑皆非。我从此觉得一个人嫌恶文学上的低级趣味可以比嫌恶仇敌还更深入骨髓。

我在武昌却并非毫无所得，我开始发见世间有那么多的书。其次，学校里有文字学一门功课，我规规矩矩地把段玉裁的《许氏说文解字注》从头看到尾，约略窥见清朝小学家们治学的方法。

塞翁失马，因祸可以得福。我到武昌是失着，但是我因此得到被遣送到香港大学的机会。这是我生平一个大转机。假若没有得到那个机会，说不定我现在还是冬烘学究。从那时到现在，二十余年之中，我虽没有完全丢开线装书，大部分功夫却花来学外国文，读外国书。这对于我学中国文，读中国书的影响很大，待下文再说，现在先说一个同样重要的事件，那就是“新文化运动”。

大家都知道，这运动是对于传统的文化、伦理、政治、文学各方面的全面攻击。它的鼎盛期正当我在香港读书的年代。那时我是处在怎样一个局面呢？我是旧式教育培养起来的，脑里被旧式教育所灌输的那些固定观念全是新文化运动的攻击目标。好比一个商人，库里藏着多年积蓄起来的一大堆钞票，方自以为富足，一夜睡过来，满市人都喧传那些钞票全不能兑现，一文不值。你想我心服不心服？尤其是文言文要改成白话文一点于我更有切肤之痛。当时许多遗老遗少都和我处在同样的境遇。他们咒骂过，我也跟着咒骂过。《新青年》发表的吴敬斋的那封信虽不是我写的（天知道那是谁写的，我祝福他的在天之灵！），却大致能表现当时我的感想和情绪。但是我那时正开始研究西方学问。一点浅薄的科学训练使我看出新文化运动是必需的，经过一番激烈的内心冲突，我终于受了它的洗礼。我放弃了古文，开始做白话文，最初好比放小脚，裹布虽扯开，走起路来终有些不自在；后来小脚逐渐变成天足，用小脚曾走过路，改用天足特别显得轻快，发现从前小脚走路的训练功夫，也并不算完全白费。

文言白话之争到于今似乎还没有终结，我做过十五年左右的文言文，二十年左右的白话文，就个人经验来说，究竟哪一种比较好呢？把成见撇开，我可以说，文言和白话的分别并不如一般人所想象的那样大。第一，就写作的难易说，文章要做得好都很难，白话也并不比文言容易。第二，就流弊说，文言固然可以空洞俗滥板滞，白话也并非天生地可以免除这些毛病。第三，就表现力说，白话与文言各有所长，如果要写得简练，有含蓄，富于伸缩性，宜于用文言；如果要写得生动，直率，切合于现实生活，宜于用白话。这只是大体说，重要的关键在作者的技巧，两种不同的工具在有能力的作者的手里都可运用自如。我并没有发见某种思想和感情只有文言可表现，或者只有白话可表现。第四，就写作技巧说，好文章的条件都是一样，第一是要有话说，第二要把话说得好。思想条理必须清楚，情致必须真切，境界必须新鲜，文字必须表现得恰到好处，谨严而生动，简朴不至枯涩，高华不至浮杂。文言文要好须如此，白话文要好也还须如此。话虽如此说，我大体上比较爱写白话。原因很简单，语文的重要功用是传达，传达是作者与读者中间的交际，必须作者说得痛快，读者听得痛快，传达才能收到最大的效果。为作者着想，文言和白话的分别固不大；为读者着想，白话确远比文言方便。不过这里我要补充一句：白话的定义很难下，如果它指大多数人日常所用的语言，它的字和词都太贫乏，决不够用。较好的白话文都不免要在文言里面借字借词，与日常流行的话语究竟有别。这就是说，白话没有和文言严密分家的可能。本来语文都有历史的赓续性，字与词有部分的新陈代谢，决无全部的死亡。提倡白话文的人们喜欢说文言是死的，白话是活的。我以为这话语病很大，它使一般青年读者们误信只要会说话就会做文章，对于文字可以不研究，对于旧书可以一概不读，这是为白话文作茧自缚。白话文必须继承文言的遗产，才可以丰富，才可以着土生根。

因为有这个信念，我写白话文，不忌讳在文言中借字借词。我觉得文言文的训练对于写白话文还大有帮助。但是我极力避免用文言文的造句法，和文言文所习用的虚字如“之乎者也”之类。因为文言文有文言文的空气，白话文有白话文的空气，除借字借词之外，文白杂糅很难得谐和。俞平伯诸人的玩艺只可聊备一格，不可以为训。

我对于白话文，除着接收文言文的遗产一个信念以外，还另有一个信念，就是它需要适宜程度的欧化。我从略通外国文学，就时时考虑怎样采取外国文学风格和文字组织的优点，来替中国文创造一种新风格和新组织。我写白话文，除得力于文言文的底子之外，从外国文字训练中也得了很不少的教训。头一点我要求合逻辑。一番话在未说以前，我必须把思想先弄清楚，自己先明白，才能让读者明白，糊里糊涂地混过去，表面堂皇铿锵，骨子里不知所云或是暗藏矛盾，这个毛病极易犯，我总是小心提防着它。我不敢说中国文天生有这毛病，不过许多中国文人常犯这毛病却是事实。我知道提防它，是得力于外国文字的训练。我爱好法国人所推崇的明晰。第二点我要求合文法。文法本由习惯造成，各国语文都有它的习惯，就有它的文法。不过我们中国人对于文法向来不大研究，行文还求文从字顺，说话就不免随便。中国文法组织有两个显著的缺点。第一是缺乏逻辑性，一句话可以无主词，“虽然”“但是”可以连着用。其次是缺乏弹性，单句易写，混合句与复合句不易写，西文中含有“关系代名词”的长句无法译成中文，可以为证。我写白话文，常尽量采用西文的文法和语句组织，虽然同时我也顾到中国文字的特性，不要文章露出生吞活剥的痕迹。第二点在造句布局上我很注意声音节奏。我要文字响亮而顺口，流畅而不单调。古文本来就很讲究这一点，不过古文的腔调必须哼才能见出，白话文的腔调哼不出来，必须念出来，所以古文的声音节奏很难应用在白话文里。近代西方文章大半是用白话，所以它的声音节奏的技巧和道理很可以为我们借鉴。这中间奥妙甚多，粗略地说，字的平仄单复，句的长短骈散，以及它们的错综配合都须得推敲。这事很难，成就距理想总是很远。

我主张中文要有“适宜程度的”欧化，这就是说，欧化须有它的限度，它不应和本国的文字的特性相差太远。有两种过度的欧化我颇不赞成。第一种是生吞活剥地模仿西文语句组织。这风气倡自鲁迅先生的直译主义。“我遇见他在街上走”变成“我遇见他走在街上”，“园里有一棵树”变成“那里有一棵树在园里”，如此等类的歪曲我以为不必要。第二种是堆砌形容词和形容子句，把一句话拖得冗长臃肿。这在西文里本不是优点，许多作者偏想在这上面卖弄风姿，要显出华丽丰富，他们不知道中文句字负不起那种重载。为了这个问题，我和一个朋友吵过几回嘴。我不反对文字的华丽，但是我不喜欢村妇施朱敷粉，以多为贵。

这牵涉到风格问题，“风格就是人格”。每个作者有他的特性，就有他的特殊风格。所以严密地说，风格不是可模仿的或普遍化的，每个作者如果在文学上能有特殊的成就，他必须成就一种他所独有的风格。但是话虽如此说，他在成就独有的风格的过程中，不能不受外来的影响。他所用的语言是大家所公用的，他所承受的精神遗产来源很久远，他与他的环境的接触影响到他的生活，就能影响到他的文章。他的风格的形成有他的特异点，也有他与许多人的共同点。如果把这共同点叫作类型，我们可以说，一时代的文学有它的类型的风格，一民族的文学也有它的类型的风格。这类型的风格对于个别作家的风格是一个基础。文学需要

“学”，原因就在此。像其他人类活动一样，文艺离不开模仿，不模仿而能创造，那是无中生有，不可想象。许多作家的厄运在不学而求创造，也有许多作家的厄运在安于模仿而不求创造。安于模仿，类型的风格于是成为呆板形式，而模仿者只是拿这呆板形式来装腔作势，装腔作势与真正的文艺毫无缘分。从历史看，一个类型的风格到了相当时期以后，常易变成呆板形式供人装腔作势，要想它重新具有生命，必须有很大的新的力量来振撼它，滋润它。这新的力量可以从过去另一时代来，如唐朝作家撇开六朝回到两汉，十九世纪欧洲浪漫派撇开假古典时代回到中世纪；也可从另一民族来，如六朝时代接受佛典，英国莎士比亚时代接受意大利的文艺复兴。从整个的中国文学史看，中国文学的类型的风格到了唐宋以后不断地在走下坡路，我们早已到了“文敝”的阶段，个别作家如果株守故辙，虽有大力也无能为力。西方文化的东流，是中国文学复苏的一个好机会。我们这一时代的人所负的责任真重大，我们不应该错过这机会。我以为中国文的欧化将来必须逐渐扩大，由语句组织扩大到风格。这事很不容易，有文学天才的人不一定有时间与精力研究西方文学，有时间精力研究西方文学的人也不一定有文学天才。假如我有许多年青作家的资禀，再加上丰富的生活经验，也许多少可以实现我的愿望。无如天注定了我资禀平凡，注定了我早年受做时文的教育，又注定了我奔波劳碌，不得一刻闲，一切愿望于是成为苦恼。

文学是人格的流露。一个文人先须是一个人，须有学问和经验所逐渐铸就的丰富的精神生活。有了这个基础，他让所见所闻所感所触借文字很本色地流露出来，不装腔，不作势，水到渠成，他就成就了他的独到的风格，世间也只有这种文字才算是上品文字。除着这个基点以外，如果还另有什么资禀使文人成为文人的话，依我想，那就只有两种敏感。一种是对于人生世相的敏感。事事物物的哀乐可以变成自己的哀乐，事事物物的奥妙可以变成自己的奥妙。“一花一世界，一草一精神。”有了这种境界，自然也就有同情，就有想象，就有澈悟。其次是对于语言文字的敏感。语言文字是流通到光滑污滥的货币，可是每个字在每一个地位有它的特殊价值，丝毫增损不得，丝毫搬动不得。许多人在这上面苟且敷衍，得过且过；对于语言文字有敏感的人便觉得这是一种罪过，发生嫌憎。只有这种人才能有所谓“艺术上的良心”，也只有这种人才能真正创造文学，欣赏文学。诗人济慈说：“看一个好句如一个爱人。”在恋爱中除着恋爱以外，一切都无足轻重；在文艺活动中，除着字句的恰当选择与安排以外，也一切都无足轻重。在那一刻中（无论是恋爱或是创作文艺），全世界就只有我所经心的那一点是真实，其余都是虚幻。在这两种敏感之中，对于文人，最重要的是第二种。古今有许多哲人和神秘主义的宗教家不愿用文字泄露他们的敏感，像柏拉图所说的，他们宁愿在诗里过生活，不愿意写诗。世间也有许多匹夫匹妇在幸运的时会中偶然发现生死是一件沉痛的事，或是墙角一片阴影是一幅美妙的景象，可是他们无法用语言文字把心中的感触说出来，或是说得不是那么一回事。文人的本领不只在见得到，尤其在说得出。说得出，必须说得“恰到好处”，这需要对于语言文字的敏感。有这敏感，他才能找到恰好的字，给它一个恰好的安排。

人生世相的敏感和语言文字的敏感都大半是天生的，人力也可培养成几分。我在这两方面得之于天的异常稀薄，然而我对于人生世相有相当的了悟，运用语言文字也有相当的把握。虽然是自己达不到的境界，我有时也能欣赏，这大半是辛苦训练的结果。我从许多哲人和诗人方面借得一副眼睛看世界，有时能学屈原、杜甫的执着，有时能学庄周、列御寇的徜徉凌卢，莎士比亚教会我在悲痛中见出庄严，莫里哀教会我在乖讹丑陋中见出隽妙，陶潜和华兹华斯引我到自然的胜境，近代小说家引我到人心的曲径幽室。我能感伤也能冷静，能认真也能超脱。能应俗随时，也能潜藏非尘世的丘壑。文艺的珍贵的雨露浸润到我的灵魂至深处，我是一个再造过的人，创造主就是我自己。但是，天！我能再造自己，我不能把接收过来的世界再造成一世界。奥菲丽亚问哈姆雷特读什么，他回答说："字，字，字！"我一生都在"字"上做功夫，到现在还只能用"字"来做这世界里面的日常交易，再造另一世界所需要的"字"常是没到手就滑了去。圣约翰说："太初有字，字和上帝在一起，字就是上帝。"我能了解字的威权，可是我常慑服在它的威权之下。原来它是和上帝在一起的。

Ⅳ · 03

诗歌与情趣

曲终人不见，江上数峰青

记不清在哪一部书里见过一句关于英国诗人Keats 的话，大意是说谛视一个佳句像谛视一个爱人似的。

这句话很有意思，不过一个佳句往往比一个爱人更可以使人留恋。一个爱人的好处总难免有一日使你感到“山穷水尽”，一个佳句的意蕴却永远新鲜，永远带有几分不可捉摸的神秘性。谁不懂得“采菊东篱下，悠然见南山”？但是谁能说，“我看透这两句诗的佳妙了，它在这一点，在那一点，此外便别无所有？”

中国诗中的佳句有好些对于我是若即若离的。风晨雨夕，热闹场，苦恼场，它们常是我的佳侣。我常常嘴里在和人说应酬话，心里还在玩味陶渊明或是李长吉的诗句。它们是那么亲切，但同时又那么辽远！钱起的“曲终人不见，江上数峰青”两句对我也是如此。它在我心里往返起伏也足有廿多年了，许多迷梦都醒了过来，只有它还是那么清新可爱。

这两句诗的佳妙究竟何在呢？我在拙著《谈美》里曾这样说过：

“情感是综合的要素，许多本来不相关的意象如果在情感上能协调，便可形成完整的有机体。比如李太白的《长相思》收尾两句‘相思黄叶落，白露点青苔’，钱起的《湘灵鼓瑟》收尾两句‘曲终人不见，江上数峰青’，温飞卿的《菩萨蛮》前阕‘水晶帘里颇黎枕，暖香惹梦鸳鸯锦，江上柳如烟，雁飞残月天’，秦少游的《踏莎行》前阕‘雾失楼台，月迷津渡，桃源望断无寻处，可堪孤馆闭春寒，杜鹃声里斜阳暮’，这里加点的字句所传出的意象都是物景，而这些诗词全体原来都是着重人事。我们仔细玩味这些诗词时，并不觉得人事之中猛然插入物景为不伦不类，反而觉得它们天生成地联络在一起，互相烘托，益见其美，这就由于它们在情感上是谐和的。单拿‘曲终人不见，江上数峰青’来说，曲终人杳虽然与江上峰青不相干，但是这两个意象都可以传出一种凄清冷静的情感，所以它们可以调和，如果只说‘曲终人不见’而无‘江上数峰青’，或是说‘江上数峰青’而无‘曲终人不见’，意味便索然了。”

这是三年前的话，前几天接得丏尊先生的信说：“近来颇有志于文章鉴赏法。昨与友人谈起‘曲终人不见，江上数峰青’，这两句大家都觉得好。究竟好在何处？有什么理由可说：苦思一夜，未获解答。”

这封信引起我重新思索，觉得在《谈美》里所说的话尚有不圆满处。我始终相信“欣赏一首诗，就是再造一首诗”，各人各时各地的经验，学问和心性不同，对于某一首诗所见到的也自然不能一致。这就是说，欣赏大半是主观的，创造的。我现在姑且把我在此时此地所见到的写下来就正于丏尊先生以及一般爱诗者。

我爱这两句诗，多少是因为它对于我启示了一种哲学的意蕴。“曲终人不见”所表现的是消逝，“江上数峰青”所表现的是永恒。可爱的乐声和奏乐者虽然消逝了，而青山却巍然如旧，永远可以让我们把心情寄托在它上面。人到底是怕凄凉的，要求伴侣的。曲终了，人去了，我们一霎时以前所游目骋怀的世界，猛然间好像从脚底倒塌去了。这是人生最难堪的一件事，但是一转眼间我们看到江上青峰，好像又找到另一个可亲的伴侣，另一个可托足的世界，而且它永远是在那里的。“山穷水尽疑无路，柳暗花明又一村”， 此种风味似之。不仅如此，人和曲果真消逝了么；这一曲缠绵悱恻的音乐没有惊动山灵？它没有传出江上青峰的妩媚和严肃？它没有深深地印在这妩媚和严肃里面？反正青山和湘灵的瑟声已发生这么一回的因缘，青山永在，瑟声和鼓瑟的人也就永在了。

写到这里，猛然想起英国诗人华兹华斯的《独刈女》。凑巧得很，这首诗的第二节末二行也把音乐和山水凑在一起，

> Breaking the silence of the seas
> Among the farthest Hebrides.
> 传到那顶远顶远的希伯里第司
> 打破那群岛中的海面的沉寂。

华兹华斯在游苏格兰西北高原，听到一个孤独的割麦的女郎在唱歌，就做了这首诗。希伯里第司群岛在苏格兰西北海中，离那位女郎唱歌的地方还有很远的路。华兹华斯要传出那歌声的清脆和漫长，于是描写它在很远很远的海面所引起的回声。这两行诗作一气读，而且里面的字大半是开口的长音，读时一定很慢很清脆，恰好借字音来传出那歌声

的漫长清脆的意味。我们读这句诗时，印象和读“曲终人不见，江上数峰青”两句诗很相似，都仿佛见到消逝者到底还是永恒。

玩味一首诗，最要紧的是抓住它的情趣。有些诗的情趣是一见就能了然的，有些诗的情趣却迷茫隐约，不易捉摸。本来是愁苦，我们可以误认为快乐，本来是快乐，我们也可以误认为愁苦；本来是诙谐，我们可以误认为沉痛，本来是沉痛，我们也可以误认为诙谐。我从前读“曲终人不见，江上数峰青”，以为它所表现的是一种凄凉寂寞的情感，所以把它拿来和“相思黄叶落，白露点青苔”，“可堪孤馆闭春寒，杜鹃声里斜阳暮”诸例相比。现在我觉得这是大错。如果把这两句诗看成表现凄凉寂寞的情感，那就根本没有见到它的佳妙了。艺术的最高境界都不在热烈。就诗人之所以为人而论，他所感到的喜欢和愁苦也许比常人所感到的更加热烈。就诗人之所以为诗人而论，热烈的喜欢或热烈的愁苦经过诗表现出来以后，都好比黄酒经过长久年代的储藏，失去它的辣性，只剩一味淳朴。

我在别的文章里曾经说过这一段话：“懂得这个道理，我们可以明白古希腊人何以把和平静穆看作诗的极境，把诗神阿波罗摆在蔚蓝的山巅，俯瞰众生扰攘，而眉宇间却常如作甜蜜梦，不露一丝被扰动的神色？”这里所谓“静穆”（serenity）自然只是一种最高理想，不是在一般诗里所能找得到的，古希腊——尤其是古希腊的造型艺术——常使我们觉到这种“静穆”的风味。“静穆”是一种豁然大悟，得到归依的心情。它好比低眉默想的观音大士，超一切忧喜，同时你也可说它泯化一切忧喜。这种境界在中国诗里不多见。屈原、阮籍、李白、杜甫都不免有些像金刚怒目，愤愤不平的样子。陶潜浑身是“静穆”，所以他伟大。

如果在“曲终人不见，江上数峰青”两句诗中见出“消逝之中有永恒”的道理，它所表现的情感就决不只是凄凉寂寞，就只有“静穆”两字可形容了。凄凉寂寞的意味固然也还在那里，但是尤其要紧的是那一片得到归依似的愉悦。这两种貌似相反的情趣都沉没在“静穆”的风味里。

江上这几排青山和它们所托根的大地不是一切生灵的慈母么？在人的原始意识中大地和慈母是一样亲切的。“来自灰尘，归于灰尘”也还是一种不朽。到了最后，人散了，曲终了，我们还可以寄怀于江上那几排青山，在它们所显示的永恒生命之流里安息。

Ⅳ·04

资禀与修养

天才愈卓越，修养愈深厚，成就愈伟大

拉丁文中有一句名言：“诗人是天生的不是造作的。”这句话本有不可磨灭的真理，但是往往被不努力者援为口实。迟钝人说，文学必须靠天才，我既没有天才，就生来与文学无缘，纵然努力，也是无补费精神。聪明人说，我有天才，这就够了，努力不但是多余的，而且显得天才还有缺陷，天才之所以为天才，正在它不费力而有过人的成就。这两种心理都很普遍，误人也很不浅。文学的门本是大开的。迟钝者误认为它关得很严密不敢去问津；聪明者误认为自己生来就在门里，用不着摸索。他们都同样地懒怠下来，也同样地被关在门外。

从前有许多迷信和神秘色彩附丽在“天才”这个名词上面，一般人以为天才是神灵的凭借，与人力全无关系。近代学者有人说它是一种精神病，也有人说它是“长久的耐苦”。这个名词似颇不易用科学解释。我以为与其说“天才”，不如说“资禀”。资禀是与生俱来的良知良能，只有程度上的等差，没有绝对的分别，有人多得一点，有人少得一点。所谓“天才”不过是在资禀方面得天独厚，并没有什么神奇。莎士比亚和你我相去虽不可以道里计，他所有的资禀你和我并非完全没有，只是他有的多，我们有的少。若不然，他和我们在智能上就没有共同点，我们也就无从了解他、欣赏他了。除白痴以外，人人都多少可以了解欣赏文学，也就多少具有文学所必需的资禀。不单是了解欣赏，创作也还是一理。文学是用语言文字表现思想情感的艺术，一个人只要有思想情感，只要能运用语言文字，也就具有创作文学所必须的资禀。

就资禀说，人人本都可以致力文学；不过资禀有高有低，每个人成为文学家的可能性和在文学上的成就也就有大有小。我们不能对于每件事都能登峰造极，有几分欣赏和创作文学的能力，总比完全没有好。要每个人都成为第一流文学家，这不但是不可能，而且也大可不必；要每个人都能欣赏文学，都能运用语言文字表现思想情感，这不但是很好的理想，而且是可以实现和应该实现的理想。一个人所应该考虑的，不是我究竟应否在文学上下一番功夫（这不成为问题，一个人不能欣赏文学，不能发表思想情感，无疑地算不得一个受教育的人），而是我究竟还是专门做文学家，还是只要一个受教育的人所应有的欣赏文学和表现思想情感的能力？

这第二个问题确值得考虑。如果只要有一个受教育的人所应有的欣赏文学和表现思想情感的能力，每个人只需经过相当的努力，都可以达到，不能拿没有天才做借口；如果要专门做文学家，他就要自问对文学是否有特优的资禀。近代心理学家研究资禀，常把普通智力和特殊智力分开。普遍智力是施诸一切对象而都灵验的，像一把同时可以打开许多种锁的钥匙；特殊智力是施诸某一种特殊对象而才灵验的，像一把只能打开一种锁的钥匙。比如说，一个人的普遍智力高，无论读书、处世或作战、经商，都比低能人要强；可是读书、处世、作战、经商各需要一种特殊智力。尽管一个人件件都行，如果他的特殊智力在经商，他在经商方面的成就必比做其他事业都强。对于某一项有特殊智力，我们通常说那一项为“性之所近”。一个人如果要专门做文学家就非性近于文学不可。如果性不相近而勉强去做文学家，成功的固然并非绝对没有，究竟是用违其才；不成功的却居多数，那就是精力的浪费了。世间有许多人走错门路，性不近于文学而强作文学家，耽误了他们在别方面可以有为的才力，实在很可惜。“诗人是天生的不是造作的”这句话，对于这种人确是一个很好的当头棒。

但是这句话终有语病。天生的资禀只是潜能，要潜能成为事实，不能不借人力造作。好比花果的种子，天生就有一种资禀可以发芽成树、开花结实，但是种子有很多不发芽成树。开花结实的，因为缺乏人工的培养。种子能发芽成树、开花结实，有一大半要靠人力，尽管它天资如何优良。人的资禀能否实现于学问事功的成就，也是如此。一个人纵然生来就有文学的特优资禀，如果他不下功夫修养，他必定是苗而不秀，华而不实。天才愈卓越，修养愈深厚，成就也就愈伟大。比如说李白、杜甫对于诗不能说是无天才，可是读过他们诗集的人都知道这两位大诗人所下的功夫。李白在人生哲学方面有道家的底子，在文学方面从《诗经》《楚辞》直到齐梁体诗，他没有不费苦心模拟过。杜诗无一字无来历为世所共知。他自述经验说，“读书破万卷，下笔如有神”。西方大诗人像但丁、莎士比亚、歌德诸人，也没有一个不是修养出来的。莎士比亚是一般人公评为天才多于学问的，但是谁能测量他的学问的深浅？医生说，只有医生才能写出他的某一幕；律师说，只有学过法律的人才能了解他的某一剧的术语。你说他没有下功夫研究过医学、法学等等？我们都惊讶他的成熟作品的伟大，却忘记他的大半生精力都费在改编前人的剧本，在其中讨诀窍。这只是随便举几个例。完全是“天生”的而不经“造作”的诗人，在历史上却无先例。

孔子有一段论学问的话最为人所称道："或生而知之，或学而知之，或困而知之，及其知之一也。"这话确有至理，但亦看"知"的对象为何。如果所知的是文学，我相信"生而知之"者没有，"困而知之"者也没有，大部分文学家是有"生知"的资禀，再加上"困学"的功夫，"生知"的资禀多一点，"困学"的功夫也许可以少一点。牛顿说："天才是长久的耐苦。"这话也须用逻辑眼光去看，长久的耐苦不一定造成天才，天才却有赖于长久的耐苦。一切的成就都如此，文学只是一例。

天生的是资禀，造作的是修养；资禀是潜能，是种子；修养使潜能实现，使种子发芽成树，开花结实。资禀不是我们自己力最所能控制的，修养却全靠自家的努力。在文学方面，修养包涵极广，举其大要，约有三端：

第一是人品的修养。人品与文品的关系是美学家争辩最烈的问题，我们在这里只能说一个梗概。从一方面说，人品与文品似无必然的关系。魏文帝早已说过："古今文人类不护细行。"刘彦和在《文心雕龙·程器》篇里一口气就数了一二十个没有品行的文人，齐梁以后有许多更显著的例，像冯延巳、严嵩、阮大铖之流还不在内。在克罗齐派美学家看，这也并不足为奇。艺术的活动出于直觉，道德的活动出于意志，一为超实用的，一为实用的，二者实不相谋。因此，一个人在道德上的成就不能裨益也不能妨害他在艺术上的成就，批评家也不应从他的生平事迹推论他的艺术的人格。

但是从另一方面说，言为心声，文如其人。思想情感为文艺的渊源，性情品格又为思想情感的型范，思想情感真纯则文艺华实相称，性情品格深厚则思想情感亦自真纯。"仁者之言蔼如"，"诐辞知其所蔽"。屈原的忠贞耿介，陶潜的冲虚高远，李白的徜徉自恣，杜甫的每饭不忘君国，都表现在他们的作品里面。他们之所以伟大，就因为他们的一篇一什都不仅为某一时会即景生情偶然兴到的成就，而是整个人格的表现。不了解他们的人格，就决不能彻底了解他们的文艺。从这个观点看，培养文品在基础上下功夫就必须培养人品。这是中国先儒的一致主张，“文以载道”说也就是从这个看法出来的。

人是有机体，直觉与意志，艺术的活动与道德的活动恐怕都不能像克罗齐分得那样清楚。古今尽管有人品很卑鄙而文艺却很优越的，究竟是占少数，我们可以用心理学上的“双重人格”去解释。在甲重人格（日常的）中一个人尽管不矜细行，在乙重人格（文艺的）中他却谨严真诚。这种双重人格究竟是一种变态，如论常例，文品表现人品是千真万确的事实。所以一个人如果想在文艺上有真正伟大的成就，他必须有道德的修养。我们并非鼓励他去做狭隘的古板的道学家，我们也并不主张一切文学家在品格上都走一条路。文品需要努力创造，各有独到，人品亦如此，一个文学家必须有真挚的性情和高远的胸襟，但是每个人的性情中可以特有一种天地，每个人的胸襟中可以特有一副丘壑，不必强同而且也决不能强同。

其次是一般学识经验的修养。文艺不单是作者人格的表现，也是一般人生世相的返照。培养人格是一套功夫，对于一般人生世相积蓄丰富而正确的学识经验又另是一套功夫。这可以分两层说。一是读书。从前中国文人以能熔经铸史为贵，韩愈在《进学解》里发挥这个意思，最为详尽。读书的功用在储知蓄理，扩充眼界，改变气质。读的范围愈广，知识愈丰富，审辨愈精当，胸襟也愈开阔。在近代，一个文人不但要博习本国古典，还要涉猎近代各科学问，否则见解难免偏僻。这事固然很难。我们第一要精选，不浪费精力于无用之书；第二要持恒，日积月累，涓涓终可成江河；第三要有哲学的高瞻远瞩，科学的客观剖析，否则食而不化，学问反足以梏没性灵。其次是实地观察体验。这对于文艺创作或比读书还更重要。从前中国文人喜游名山大川，一则增长阅历，一则吸纳自然界瑰奇壮丽之气与幽深玄渺之趣。其实这种“气”与“趣”不只在自然中可以见出，在一般人生世相中也可得到。许多著名的悲喜剧与近代小说所表现的精神气魄正不让于名山大川。观察体验的最大的功用还不仅在此，尤其在洞达人情物理。文学超现实而却不能离现实，它所创造的世界尽管有时是理想的，却不能不有现实世界的真实性。近代写实主义者主张文学须有“凭证”，就因为这个道理。你想写某一种社会或某一种人物，你必须对于那种社会那种人物的外在生活与内心生活都有彻底的了解，这非多观察多体验不可。要观察得正确，体验得深刻，你最好投身他们中间，和他们过同样的生活。你过的生活愈丰富，对于人性的了解愈深广，你的作品自然愈有真实性，不致如雾里看花。

第三是文学本身的修养。“工欲善其事，必先利其器”。文学的器具是语言文字。我们第一须认识语言文字，其次须有运用语言文字的技巧。这事看来似很容易，因为一般人日常都在运用语言文字；但是实在极难，因为文学要用平常的语言文字产生不平常的效果。文学家对于语言文字的了解必须比一般人都较精确，然后可以运用自如。他必须懂得字的形声义，字的组织以及音义与组织对于读者所生的影响。这要包涵语文学、逻辑学、文法、美学和心理学各科知识。从前人做文言文很重视小学（即语文学），就已看出工具的重要。我们现在做语体文比较做文言文更难。一则语言文字有它的历史渊源，我们不能因为做语体文而不研究文言文所用的语文，同时又要特别研究流行的语文；一则文言文所需要的语文知识有许多专书可供给，流行的语文的研究还在草创，大半还靠作者自己努力去摸索。在现代中国，一个人想做出第一流文学作品，别的条件不用说，单说语文研究一项，他必须有深厚的修养。他必须达到有话都可说出而且说得好的程度。

运用语言文字的技巧一半根据对于语言文字的认识，一半也要靠虚心模仿前人的范作。文艺必止于创造，却必始于模仿，模仿就是学习。最简捷的办法是精选模范文百篇左右（能多固好；不能多，百篇就很够），细心研究每篇的命意布局分段造句和用字，务求透懂，不放过一字一句，然后把它熟读成诵，玩味其中声音节奏与神理气韵，使它不但沉到心灵里去，还须沉到筋肉里去。这一步做到了，再拿这些模范来模仿（从前人所谓“拟”），模仿可以由有意的渐变为无意的。习惯就成了自然。入手不妨尝试各种不同的风格，再在最合宜于自己的风格上多下功夫，然后融合各家风格的长处，成就一种自己独创的风格。从前做古文的人大半经过这种训练，依我想，做语体文也不能有一个更好的学习方法。

以上谈文学修养，仅就其大者略举几端，并非说这就尽了文学修养的能事。我们只要想一想这几点所需要的功夫，就知道文学并非易事，不是全靠天才所能成功的。

Ⅳ

·

05

谈谦虚

最难的事还是对付自己

说来说去，做人只有两桩难事，一是如何对付他人，一是如何对付自己。这归根还只是一件事，最难的事还是对付自己，因为知道如何对付自己，也就知道如何对付他人，处世还是立身的一端。

自己不易对付，因为对付自己的道理有一个模棱性，从一方面看，一个人不可无自尊心，不可无我，不可无人格。从另一方面看，他不可有妄自尊大心，不可执我，不可任私心成见支配。总之，他自视不宜太小，却又不宜太大，难处就在调剂安排，恰到好处。

自己不易对付，因为不容易认识，正如有力不能自举，有目不能自视。当局者迷，旁观者清。我们对于自己是天生成的当局者而不是旁观者，我们自囿于“我”的小圈子，不能跳开“我”来看世界，来看“我”，没有透视所必需的距离，不能取正确观照所必需的冷静的客观态度，也就生成地要执迷，认不清自己，只任私心、成见、虚荣、幻觉种种势力支配，把自己的真实面目弄得完全颠倒错乱。我们像蚕一样，作茧自缚，而这茧就是自己对于自己所错认出来的幻象。真正有自知之明的人实在不多见。“知人则哲”，自知或许是哲以上的事。“知道你自己”一句古训所以被称为希腊人最高智慧的结晶。

“知道你自己”，谈何容易！在日常自我估计中，道理总是自己的对，文章总是自己的好，品格也总是自己的高，小的优点放得特别大，大的弱点缩得特别小。人常“阿其所好”，而所好者就莫过于自己。自视高，旁人如果看得没有那么高，我们的自尊心就遭受了大打击，心中就结下深仇大恨。这种毛病在旁人，我们就马上看出；在自己，我们就熟视无睹。

希腊神话中有一个故事。一位美少年纳西司（Narcissus）自己羡慕自己的美，常伏在井栏上俯瞰水里自己的影子，愈看愈爱，就跳下去拥抱那影子，因此就落到井里淹死了。这寓言的意义很深永。我们都有几分“纳西司病”，常因爱看自己的影子堕入深井而不自知。照镜子本来是好事，我们对于不自知的人常加劝告：“你去照照镜子看！”可是这种忠告是不聪明的，他看来看去，还是他自己的影子，像纳西司一样，他愈看愈自鸣得意，他的真正面目对于他自己也就愈模糊。他的最好的镜子是世界，是和他同类的人。他认清了世界，认清了人性，自然也就会认清自己，自知之明需要很深厚的学识经验。

德尔斐神谕宣示希腊说：苏格拉底是他们中间最大的哲人。而苏格拉底自己的解释是：他本来和旁人一样无知，旁人强不知以为知，他却明白自己的确无知，他比旁人高一着，就全在这一点。苏格拉底的话老是这样浅近而深刻，诙谐而严肃。他并非说客套的谦虚话，他真正了解人类知识的限度。“明白自己无知”是比得上苏格拉底的那样哲人才能达到的成就。有了这个认识，他不但认清了自己，多少也认清了宇宙。孔子也仿佛有这种认识。他说：“吾有知乎哉，无知也。”他告诉门人：“知之为知之，不知为不知，是知也。”所谓“不知之知”正是认识自己所看到的小天地之外还有无边世界。

这种认识就是真正的谦虚。谦虚并非故意自贬声价，作客套应酬，像虚伪者所常表现的假面孔；它是起于自知之明，知道自己所已知的比起世间所可知的非常渺小，未知世界随着已知世界扩大，愈前走发见天边愈远。他发见宇宙的无边无底，对之不能不起崇高雄伟之感，返观自己渺小，就不能不起谦虚之感。谦虚必起于自我渺小的意识，谦虚者的心目中必有一种为自己所不知不能的高不可攀的东西，老是要抬着头去望它。这东西可以是全体宇宙，可以是圣贤豪杰，也可以是一个崇高的理想。一个人必须见地高远，“知道天高地厚”才能真正地谦虚；不知道天高地厚的人就老是觉得自己伟大，海若未曾望洋，就以为“天下之美尽在己”。谦虚有它消极方面，就是自我渺小的意识；也有它积极方面，就是高远的瞻瞩与开阔的胸襟。

看浅一点，谦虚是一种处世哲学。“人道恶盈而喜谦”，人本来没有可盈的时候，自以为盈，就无法再有所容纳，有所进益。谦虚是知不足，“知不足然后能自强。一切自然节奏都是一起一伏。引弓欲张先弛，升高欲跳先蹲，谦虚是进取向上的准备。老子譬道，常用谷和水。“谷神不死”、“旷兮其若谷”、“上善若水”、“天下莫柔弱于水而攻坚强者莫之能胜”。谷虚所以有容，水柔所以不毁。人的谦虚可以说是取法于谷和水，它的外表虽是空旷柔弱，而它的内在的力量却极刚健。大易的谦卦六爻皆吉。作易的人最深知谦的力量，所以说，“谦尊而光，卑而不可逾”。道家与儒家在这一点认识上是完全相同的。这道理好比打太极拳，极力求绵软柔缓，可是“四两拨千斤”，极强悍的力士在这轻推慢挽之前可以望风披靡。古希腊的悲剧作者大半是了解这个道理的，悲剧中的主角往往以极端的倔强态度和不可以倔强胜的自然力量（希腊人所谓神的力量）搏斗，到收场时一律被摧毁，悲剧的作者拿这些教训在观众心中引起所谓“退让”（resignation）情绪，使人恍然大悟在自然大力之前，人是非常渺小的，人应该降下他的骄傲心，顺从或接收不可抵制的自然安排。这思想在后来耶稣教中也很占势力。近代科学主张“以顺从自然去征服自然”，道理也是如此。

看深一点，谦虚是一种宗教情绪。这道理在上文所说的希腊悲剧中已约略可见。宗教都有一个被崇拜的崇高的对象，我们向外所呈献给被崇拜的对象是虔敬，向内所对待自己的是谦虚。虔敬和谦虚是宗教情绪的两方面，内外相应相成。这种情绪和美感经验中的“崇高意识”（sense of the sublime）以及一般人的英雄崇拜心理是相同的。我们突然间发现对象无限伟大，无形中自觉此身渺小，于是栗然生畏，肃然起敬；但是惊心动魄之余，就继以心领神会，物我交融，不知不觉中把自己也提升到那同样伟大的境界。对自然界的壮观如此，对伟大的英雄如此，对理想中所悬的全知全能的神或尽善尽美的境界也是如此。在这种心境中，我们同时感到自我的渺小和人性的尊严，自卑和自尊打成一片。

我们姑拿两首人人皆知的诗来说明这个道理。一是陈子昂的“前不见古人，后不见来者，念天地之悠悠，独怆然而泪下！”一是杜甫的“侧身天地常怀古，独立苍茫自咏诗”。我们试玩味两诗所表现的心境。在这种际会，作者还是觉得上天下地，唯我独尊，因而踌躇满志呢？还是四顾茫茫，发现此身渺小而恍然若有所失呢！这两种心境在表面上是相反的，而在实际上却并行不悖，形成哲学家们所说的“相反者之同一”。在这种际会、骄傲和谦虚都失去了它们的寻常意义，我们骄傲到超出骄傲，谦虚到泯没谦虚。我们对庄严的世相呈献虔敬，对蕴藏人性的“我”也呈献虔敬。

有这种情绪的人才能了解宗教，释迦和耶稣都富于这种情绪，他们极端自尊也极端谦虚。他们知道自尊必从谦虚做起，所以立教特重谦虚。佛家的大戒是“我执”、“我漫”。佛家的哲学精义在“破我执”。佛徒在最初时期都须以行乞维持生活，所以叫作“比丘”。行乞是最好的谦虚训练。耶稣常溷身下层阶级，一再告诫门徒说：“凡自己谦卑像这小孩的，他在天国里就是最大的”，“你们中间谁为大，谁就要做你们的用人，自高的必降为卑，自卑的必升为高”。这教训在中世纪发生影响极大，许多僧侣都操贱役，过极刻苦的生活，去实现谦卑（humiliation）的理想，圣佛兰西斯是一个很美的例证。

耶佛和其他宗教都有膜拜的典礼，它的意义深可玩味。在只是虚文时，它似很可鄙笑；在出于至诚时，它却是虔敬和谦虚的表现，人类可敬的动作就莫过于此。人难得弯下这个腰干，屈下这双膝盖，低下这颗骄傲的心，在真正可尊敬者的面前“五体投地”。有一次我去一个法会听经，看见皈依的信士们进来时恭恭敬敬地磕一个头，出去时又恭恭敬敬地磕一个头。我很受感动，也觉得有些尴尬。我所深感惭愧的倒不是人家都磕头而我不磕头，而是我的衷心从来没有感觉到有磕头的需要。我虽是愚昧，却明白这足见性分的浅薄。我或是没有脱离“无明”，没有发现一种东西叫我敬仰到须向它膜拜的程度；或是没有脱离“我漫”，虽然发现了可膜拜者而仍以膜拜为耻辱。

“我漫”就是骄傲，骄傲是自尊情操的误用。人不可没有自尊情操，有自尊情操才能知耻，才能有所谓荣誉意识（sense of honour），才能有所为有所不为，也才能发奋向上。孔子说：“知耻近乎勇”，和《学记》的“知不足然后能自强”，《易经》的“谦尊而光，卑而不可逾”两句名言意义骨子里相同。近代心理学家阿德勒（Adler）把这个道理发挥得最透辟。依他看，我们有自尊心，不甘居下流，所以发现了自己的缺陷，就引以为耻，在心理形成所谓“卑劣结”（inferiority complex），同时激起所谓“男性的抗议”（masculine protest），要努力弥补缺陷，消除卑劣，来显出自己的尊严。努力的结果往往不但弥补缺陷，而且所达到的成就反比本来没有缺陷的更优越。希腊的德摩斯梯尼斯本来口吃，不甘心受这缺陷的限制，发愤练习演说，于是成为最大的演说家，中国孙子因膑足而成兵法，左丘明因失明而成《左传》，司马迁因受宫刑而作《史记》，道理也是如此。阿德勒所谓“卑劣结”其实就是谦虚，“知耻”，或“知不足”；他的“男性抗议”就是“自强”，“近乎勇”或“卑而不可逾”。从这个解释，我们也可以看出谦虚与自尊心不但并不相反，而且是息息相通。真正有自尊心者才能谦虚，也才能发奋为雄。“尧，人也，舜，人也，有为者亦若是”，在作这种打算时，我们一方面自觉不如尧舜，那就是谦虚，一方面自觉应该如尧舜，那就是自尊。

骄傲是自尊情操的误用，是虚荣心得到廉价的满足。虚荣心和幻觉相连，有自尊而无自知。它本来起于社会本能——要见好于人；同时也带有反社会的倾向，要把人压倒，它的动机在好胜而不在向上，在显出自己的荣耀而不在理想的追寻。虚荣加上幻觉，于是在人我比较中，我们比得胜固然自骄其胜，比不胜也仿佛自以为胜，或是丢开定下来的标准，另寻自己的胜处。我们常暗地盘算：你比我能干，可是我比你有学问；你干的那一行容易，地位低，不重要，我干的才是真正了不起的事业；你的成就固然不差，可是如果我有你的地位和机会，我的成就一定比你更好。总之，我们常把眼睛瞟着四周的人，心里作一个结论：“我比你强一点！”于是伸起大拇指，洋洋自得，并且期望旁人都甘拜下风，这就是骄傲。人之骄傲，谁不如我？我以压倒你为快，你也以压倒我为快。无论谁压倒谁，妒忌、愤恨、争斗以及它们所附带的损害和苦恼都再所不免。人与人，集团与集团，国家与国家，中间许多灾祸都是这样融成的。“礼至而民不争”，礼之端就是辞让，也就是谦虚。

喜欢比照人己而求己比人强的人大半心地狭窄，谩世傲物的人要归到这一类。他们昂头俯视一切，视一切为“卑卑不足道”，“望望然去之”。阮籍能为青白眼，古今传为美谈。这种谩世傲物的态度在中国向来颇受人重视。从庄子的“让王”类寓言起，经过魏晋清谈，以至后世对于狂士和隐士的崇拜，都可以表现这种态度的普遍。这仍是骄傲在作祟。在清高的烟幕之下藏着一种颇不光明的动机。“人都龌龊，只有我干净”（所谓“世人皆浊我独清”），他们在这种自信或幻觉中酖醉而陶然自乐。熟看《世说新语》，我始而羡慕魏晋人的高标逸致，继而起一种强烈的反感，觉得那一批人毕竟未闻大道，整天在臧否人物，自鸣得意，心地毕竟局促。他们忘物而未能忘我，正因其未忘我而终亦未能忘物，态度毕竟是矛盾。魏晋人自有他们的苦闷，原因也就在此。“人都龌龊，只有我干净”。这看法或许是幻觉，或许是真理。如果它是幻觉，那是妄自尊大；如果它是真理，就引以自豪，也毕竟是小气。孔子、释迦、耶稣诸人未尝没有这种看法，可是他们的心理反应不是骄傲而是怜悯，不是遗弃而是援救。长沮桀溺说：“滔滔者天下皆是，而谁以易之”，孔子说：“鸟兽不可与同群，吾非斯人之徒之与而谁与？”这是谩世傲物者与悲天悯人者在对人对己的态度上的基本分别。

人生本来有许多矛盾的现象，自视愈大者胸襟愈小，自视愈小者胸襟愈大。这种矛盾起于对于人生理想所悬的标准高低。标准悬得愈低，愈易自满，标准悬得愈高，愈自觉不足。虚荣者只求胜过人，并不管所拿来和自己比较的人是否值得做比较的标准。只要自己显得是长子，就在矮人国中也无妨。孟子谈交友的对象，分出“一乡之善士”，“一国之善士”，“天下之善士”，“古之人”四个层次。我们衡量人我也要由“一乡之善士”扩充到“古之人”。大概性格愈高贵，胸襟愈开阔，用来衡量人我的尺度也就愈大，而自己也就显得愈渺小。一个人应该有自己渺小的意识，不仅是当着古往今来的圣贤豪杰的面前，尤其是当着自然的伟大，人性的尊严和时空的无限。你要拿人比自己，且抛开张三李四，比一比孔子、释迦、耶稣、屈原、杜甫、米开朗琪罗、贝多芬，或是爱迪生！且抛开你的同类，比一比太平洋、大雪山、诸行星的演变和运行，或是人类知识以外的那一个茫茫宇宙！在这种比较之后，你如果不为伟大崇高之感所撼动而俯首下心，肃然起敬，你就没有人性中最高贵的成分。你如果不盲目，看得见世界的博大，也看得见世界的精微，你想一想，世间哪里有临到你可凭以骄傲的？

在见道者的高瞻远瞩中，“我”可以缩到无限小，也可以放到无限大。在把“我”放到无限大时，他们见出人性的尊严；在把“我”缩到无限小时，他们见出人性在自己小我身上所实现的非常渺小。这两种认识合起来才形成真正的谦虚。佛家法相一宗把叫作“我”的肉体分析为“扶根尘”，和龟毛兔角同为虚幻，把“我”的通常知见都看成幻觉，和镜花水月同无实在性。这可算把自我看成极渺小。可是他们同时也把宇宙一切，自大地山河以至玄理妙义，都统摄于圆湛不生灭妙明真心，万法唯心所造，而此心却为我所固有，所以“明心见性”，“即心即佛”。这就无异于说，真正可以叫作“我”的那种“真如自性”还是在我，宇宙一切都由它生发出来，“我”就无异于创世主。这对于人性却又看得何等尊严！不但宗教家，哲学家像柏拉图、康德诸人大抵也还是如此看法。我们先秦儒家的看法也不谋而合。儒本有“柔儒”的意义，儒家一方面继承“一命而偻，再命而伛，三命而俯，循墙而走”那种传统的谦虚恭谨，一方面也把“我”看成“与天地合德”。他们说：“返身而诚，万物皆备于我矣”，“能尽人之性，则能尽物之性；能尽物之性，则可以赞天地之化育，与天地参矣”。他们拿来放在自己肩膀上的责任是“为天地立心，为生民立命，为往圣继绝学，为万世开太平”。

这种“顶天立地，继往开来”的自觉是何等尊严！

意识到人性的尊严而自尊，意识到自我的渺小而自谦，自尊与自谦合一，于是法天行健，自强不息，这就是《易经》所说的“谦尊而光，卑而不可逾”。

Ⅳ

·

06

谈趣味

文章千古事，得失寸心知

拉丁文中有一句陈语："谈到趣味无争辩。""文章千古事，得失寸心知。"不但作者对于自己的作品是如此，就是读者对于作者恐怕也没有旁的说法。如果一个人相信地球是方的或是泰山比一切的山都高，你可以和他争辩，可以用很精确的论证去说服他，但是如果他说《花月痕》比《浮生六记》高明，或是两汉以后无文章，你心里尽管不以他为然，口里最好不说，说也无从说起。遇到"自家人"，彼此相看一眼，心领神会就行了。

这番话显然带着一些印象派批评家的牙慧。事实上我们天天谈文学，在批评谁的作品好，谁的作品坏，文学上自然也有是非好丑，你喜欢坏的作品而不喜欢好的作品，这就显得你的趣味低下，还有什么话可说？这话谁也承认，但是难问题不在此，难问题在你以为丑他以为美，或者你以为美而他以为丑时，你如何能使他相信你而不相信他自己呢？或者进一步说，你如何能相信你自己一定是对呢？你说文艺上自然有一个好丑的标准，这个标准又如何可以定出来呢？从前文学批评家们有些人以为要取决于多数。以为经过长久时间淘汰而仍巍然独存，为多数人所欣赏的作品总是好的。相信这话的人太多，我不敢公开地怀疑，但是在我们至好的朋友中，我不妨说句良心话：我们至多能活到一百岁，到什么时候才能知道Marcel Proust或D.H.Lawrence值不值得读一读呢？从前批评家们也有人，例如阿诺德，以为最稳当的办法是拿古典名著做“试金石”，遇到新作品时，把它拿来在这块“试金石”上面擦一擦，硬度如果相仿佛，它一定是好的；如果擦了要脱皮，你就不用去理会它。但是这种办法究竟是把问题推远而并没有解决它，文学作品究竟不是石头，两篇相擦时，谁看见哪一篇“脱皮”呢？

“天下之口有同嗜”，但是也有例外。文学批评之难就难在此。如果依正统派，我们便要抹杀例外；如果依印象派，我们便要抹杀“天下之口有同嗜”。关于文学的嗜好，“例外”也并不可一笔勾消。在Keats未死以前，嗜好他的诗的人是例外，在印象主义闹得很轰烈时，真正嗜好MaUarmé的诗人还是例外，我相信现在真正喜欢T.S.Eliot的人恐怕也得列在例外。这些“例外”的人常自居 élite之列，而实际上他们也往往真是 élite。所谓“经过长久时间淘汰而仍巍然独存的”作品往往是先由这班“例外”的先生们捧出来的。

在正统派看，“天下之口有同嗜”一个公式之不可抹杀当更甚于“例外”之不可抹杀。他们总得喊要“标准”，喊要“普遍性”。他们自然也有正当道理。反正这场官司打不清，各个时代都有喊要标准的人，同时也都有信任主观嗜好的人。他们各有各的功劳，大家正用不着彼此瞧不起彼此。

文艺不一定只有一条路可走。东边的景致只有面朝东走的人可以看见，西边的景致也只有面朝西走的人可以看见。向东走者听到向西走者称赞西边景致时觉其夸张，同时怜惜他没有看到东边景致美。向西走者看待向东走者也是如此。这都是常有的事，我们不必大惊小怪。理想的游览风景者是向东边走过之后能再回头向西走一走，把东西两边的风味都领略到。这种人才配估定东西两边的优劣。也许他以为日落的景致和日出的景致各有胜境，根本不同，用不着去强分优劣。

一个人不能同时走两条路，出发时只有一条路可走。从事文艺的人入手不能不偏，不能不依傍门户，不能不先培养一种偏狭的趣味。初喝酒的人对于白酒红酒种种酒都同样地爱喝，他一定不识酒味。到了识酒味时他的嗜好一定偏狭，非是某一家某一年的酒不能使他喝得畅快。学文艺也是如此，没有尝过某一种cli-que的训练和滋味的人总不免有些江湖气。我不知道会喝酒的人是否可以从非某一家某一年的酒不喝，进到只要是好酒都可以识出味道；但是我相信学文艺者应该能从非某家某派诗不读，做到只要是好诗都可以领略到滋味的地步。这就是说，学文艺的人入手虽不能不偏，后来却要能不偏，能凭空俯视一切门户派别，看出偏的弊病。

文学本来一国有一国的特殊的趣味，一时有一时的特殊的风尚。就西方诗说，拉丁民族的诗有为日耳曼民族所不能欣赏的境界，日耳曼民族的诗也有为非拉丁民族能欣赏的境界。寝馈于古典派作品既久者对于浪漫派作品往往格格不入；寝馈于象征派既久者亦觉其他作品都索然无味。中国诗的风尚也是随时代变迁。汉魏六朝唐宋各有各的派别，各有各的信徒。明人尊唐，清人尊宋，好高古者祖汉魏，喜妍艳者推重六朝和西昆。门户之见也往往很严。

但是门户之见可以范围初学而不足以羁縻大雅。读诗较广泛者常觉得自己的趣味时时在变迁中，久而久之，有如江潮游客，寻幽览胜，风雨晦明，川原海岳，各有妙境，吾人正不必以此所长，量彼所短，各派都有长短，取长弃短，才无偏僻。古今的优劣实在不易下定评，古有古的趣味，今也有今的趣味。后人做不到“蒹葭苍苍”和“涉江采芙蓉”诸诗的境界，古人也做不到“空梁落燕泥”和“山山尽落晖”诸诗的境界。浑朴精妍原来是两种不同的趣味，我们不必强其同。

文艺上一时的风尚向来是靠不住的。在法国十七世纪新古典主义盛行时，十六世纪的诗被人指摘，体无完肤，到浪漫时代大家又觉得“七星派诗人”亦自有独到境界。在英国浪漫主义盛行时，学者都鄙视十七十八世纪的诗，现在浪漫的潮流平息了，大家又觉得从前被人鄙视的作品，亦自有不可磨灭处。个人的趣味演进亦往往如此。涉猎愈广博，偏见愈减少，趣味亦愈纯正。从浪漫派脱胎者到能见出古典派的妙处时，专在唐宋做功夫者到能欣赏六朝人作品时，笃好苏辛词者到能领略温李的情韵时，才算打通了诗的一关。好浪漫派而止于浪漫派者，或是好苏辛而止于苏辛者，终不免坐井观天，诬天渺小。

趣味无可争辩，但是可以修养。文艺批评不可抹视主观的私人的趣味，但是始终拘执一家之言者的趣味不足为凭。文艺自有是非标准，但是这个标准不是古典，不是“耐久”和“普及”，而是从极偏走到极不偏，能凭空俯视一切门户派别者的趣味；换句话说，文艺标准是修养出来的纯正的趣味。

Ⅳ · 07

音乐与教育

表现生命的富裕和欢乐

柏拉图写过一个长篇对话，叫作《理想国》，讨论理想的政治和教育。他知道要一个国家的政治合于理想，先要使它的教育合于理想，所以他费了大半篇幅谈理想国的统治阶级应该受什么样一种训练。他所定的课程异常简单。一个人在二十岁以前只消有两种教育工具，一是体操，一是音乐。至于我们现在的学校里许多功课，像史地，理化，数学，社会科学，哲学，外国文之类，他或是完全不讲，或是摆在二十岁以后的课程里。他的教育主张，在现代人看来，像很奇怪。可是如果你丢开成见，细心去想一想，你也许会佩服希腊人的思想，和他们的艺术一样，简单虽然简单，深刻却是深刻。体操讲究好了，身体可以健全；音乐讲究好了，心灵可以和谐。身心两方面都达到理想的状态，还愁有什么学不好或是做不好？身心是基本，我们近代人基本不注意，只在一些肤浅的知识上做功夫，反自以为聪明。许多祸害似都由此起。我们急须回头猛省。

我在另一篇文章里已谈过体育的重要，现在专谈音乐。

音乐是一种最原始最普遍的艺术。飞禽走兽大半都喜欢歌唱，在歌唱中，它们表现生命的富裕和欢乐，同时，它们借歌舞把在生活中所领略得的乐趣传给同类，引起交感共鸣。歌唱在一般动物社会中是一种团结的原动力，它们没有文化传统和制度组织，但是它们一呼百应，一唱百和，全靠这一点声音上的感通。人类在原始阶段也还保持着这本能的音乐嗜好。没有一个原始民族不喜欢歌舞，小孩在个人生命史上相当于原始民族在种族生命史上，喜欢歌舞仍然是天性。人类到了开化以后，小孩到了成年以后，往往逐渐丧失音乐的嗜好，高兴时不放着嗓子唱一曲歌，颓唐时也不拿一种乐器来弹奏一番，哀乐全闷在心里，而且一个人关起来纳闷，生气因之萧索，同情也因之冷淡。这是一个极严重的损失，而且是违反自然本性的。对于这种现象的造成，教育家们要负一大部分责任，他们丢开了人类一个最强烈的本能，一个最有力的教育工具，不去利用。假如他们知道利用，音乐的力量要超出任何学问训练之上。

何以故呢？音乐不仅是最原始最普遍的艺术，而且是最完美的艺术，可以普及深入一般民众，从根本上陶冶人的性格。在其他艺术，实质与形式多少可以分别出来，了解实质与了解形式可以分为两事；音乐却完全融化实质与形式的分别，实质即形式，形式亦即实质，内外一致，天衣无缝。所以音乐达到了艺术的最高理想。如果美育是教育中一项要目，美育的最好工具就应该是音乐。音乐虽是顶完美的，却不能算是最困难的艺术。叔本华说得最清楚，一般艺术都须借意象来表现，例如文学所用的语文意义，图画所用的形色光影；音乐则为意志的直接外射，用不着凭借意象。所以了解其他艺术，我们须假道于理智，比如说，不懂得语文意义，就无从了解文学；音乐则表现最直接，感动也最直接，我们接受声音的刺激，生理上马上就起反响，用不着理智的分析。

中国人不一定能了解外国的文学，但是多少可以受外国音乐的感动，因为没有语文的障碍。小孩子和乡下文盲尽管不能读书明理，也多少可以欣赏成年人和音乐家的唱歌奏乐，因为没有知识经验的障碍。音乐是纯从感官打动人心的，耳里听到，心里就起哀乐共鸣。这件事实可以解释音乐的普及性，也可以解释它的深入性。如果要教育的力量普及而又深入，舍音乐还有什么其他途径呢？

音乐对于人生至少有三重大功用。

第一是表现。情感思想都需要发扬宣泄。我们都知道在喜欢时大笑一场，在悲哀时痛哭一场，是一件畅快事。严守一个秘密，心里才感觉不舒服；尤其是感情不能压抑，压抑便引起冲突和苦痛。依近代心理学看，许多精神病都是情感不得宣泄的结果。表现在生气的洋溢。一个人或一个民族到了不需要艺术的表现时，那只有两种可能：一是生气萎竭，一是生气受不了自然的歪曲，向不正常不健康的路途发泄。所以给生气以正常的康健的表现，也就是培养生气。音乐的表现是最正常的康健的表现，因为它是人类的普遍的嗜好，而同时它的命脉在和谐。亚里士多德在《政治学》里谈到古希腊人用一种音乐医精神病。有一种癫狂病，医治的方法是叫病人听一种音乐，听了几回他的情感上的脓疱化消了，病就自然好。亚里士多德把音乐的这种功能叫作katharsis，这字含有“发散”和“净化”两个意义。音乐对于人的情感不仅能“发散”而且能“净化”，就因为它本身是和谐，对于人的心灵自然能产生和谐的影响。我们有听音乐经验的人都知道在凝神静听之后，全体筋肉脉搏都经过一番和谐的震荡，心灵仿佛在困倦之后洗过一回澡，汗垢尽去，血液畅通，有心旷神怡之乐。如果我们不仅是欣赏，自己能歌唱弹奏，除了这种生气洋溢的乐趣以外，我们还可以得到人生最大的快慰，成就一种作品的感觉。我们创造了一个可欣赏的世界，替人类开辟了一种愉悦的泉源，意识到这种力量，就如同创世主在第七天的神情。人能多尝这种创造的快慰，人生便显得华严，而人的品格也就自然会高贵。

其次是感动。音乐直接打动感官，引起生理的反应，所以感人最普及而深入。这道理在上文已说过。中西神话和历史上都有不少的关于音乐感动力的传说。城市有借音乐造成的，也有借音乐毁倒的；胜仗有用音乐打来的，重围有用音乐解去的；美人有借音乐取得的、深交有因音乐结成的、名著有从音乐引起思致的，至道有借音乐证成的。瓠巴鼓琴，游鱼出听；据近代生理学家的实验，对牛弹琴，也并非毫无影响。人类情感有许多花样，每种花样在脉搏呼吸和筋肉运动上都有一个特殊的节奏，特殊的模型（Pattera）。音乐的拂扬顿挫，长短急舒，往往与这种节奏和模型相称。某一种乐调在生理上激起某一种节奏和模型，就引起某一种情调。所以在听音乐时，实在有两种乐调在进行。一是外在的，耳朵听的；一是内在的，听者身体在无意中所表演的。人类生理构造大致相同，所以一个乐调可以在无数听者的心弦上引起交感共鸣。音乐是极强烈的同情媒介，也就因为这个缘故。我们如果想尝广大同情的味道，最好在稠人广众中听音乐。乐声作时，全体听众屏息肃然静听，无论尊卑老幼，乐就都乐，哀就都哀，霎时间不独人我之见泯除净尽，即传统习俗所积累成的层层枷锁也一齐丢开，我们在霎时间回到自由的原始人，沉没到浑然一体的大我。音乐使我们畅快，四围许多人都同时在分享我的感觉，意识到这一点，我们更加畅快。这里没有分别界限，没有恩仇迎拒，我们同是一个阳光煦育的兄弟姊妹，我们皆大喜欢。要群众团结一气，最有效的媒介只有音乐。

第三是感化。感动是暂时的，感化是久远的。音乐由感动至感化，因为它的和谐浸润到整个身心，成为固定的模型（Pattera），习惯成为自然，身心的活动也就处处不违背和谐的原则。内心和谐，则一切不和谐的卑鄙龌龊的念头自无从发生，表现于行为的也自从容中节。中国先儒以礼乐立教，就为明白了这个道理。乐的精神在和谐，礼的精神在秩序，这两者中间，乐更是根本的，因为内和谐外自然有秩序，没有和谐做基础的秩序就成了呆板形式，没有灵魂的躯壳。内心和谐而生活有秩序，一个人修养到这个境界，就不会有疵可指了。谈到究竟，德育须从美育上做起。道德必由真性情的流露，美育怡情养性，使性情的和谐流露为行为的端正，是从根本上做起。惟有这种修养的结果，善与美才能一致。明白这个道理，我们就会明白孔子谈政教何以那样重诗乐。诗与乐原来是一回事，一切艺术精神原来也都与诗乐相通。孔子提倡诗乐，犹如近代人提倡美育。他说："诗可以兴，可以观，可以群，可以怨。"又说："温柔敦厚，诗教也。"都是看到了诗乐对于情感教育的重要。他不但把诗乐认为教育的基础，而且把它们认为政治的基础，实在政教是不能分离的，世间安有无教之政呢？近代人舍教而言政，只见得他们愚昧。"颜渊问为邦。子曰，乐则韶舞，放郑声，远佞人。"远佞人还在放郑声之次，我们现在只知道厌恶佞人，其实还有比这更重要的事务——音乐教育。音乐教育上了轨道，佞人也许就不会存在，而政治也不会不修明了。

一个民族的性格常表现于音乐，最显著的是中西音乐的分别。西方音乐偏于阳刚，使听者发扬蹈厉；中国音乐偏于阴柔，使听者沉潜肃穆。这各有所长，我们用不着偏袒。我们所最忧虑的是我国一般民众，尤其是士大夫阶级，大半没有真正的音乐的嗜好。这似乎表现了民族精神的衰落。我个人认为人心的污浊与社会的腐败都种根于此。我每想起柏拉图的教育主张，就深深感觉到我国目前教育须有一个彻底的改革。我们必须普及音乐教育，尤其是要把国乐本身大加一番整理洗刷。这不是宣传可以了事。但是制礼作乐是盛业也是美名，容易被宣传者当作一种口号呐喊了事。这是我草此文时心里所栗栗危惧的。大家须拿出一副极严肃的态度来应付这问题，前途才有希望。

Ⅳ

·

08

无言之美

微雨从东来，好风与之俱

孔子有一天突然很高兴地对他的学生说：“予欲无言。”子贡就接着问他：“子如不言，则小子何述焉？”孔子说：“天何言哉？四时行焉，百物生焉。天何言哉？”

这段赞美无言的话，本来从教育方面着想。但是要明了无言的意蕴，宜从美术观点去研究。

言所以达意，然而意决不是完全可以言达的。因为言是固定的，有迹象的；意是瞬息万变，飘渺无踪的。言是散碎的，意是混整的。言是有限的，意是无限的。以言达意，好像用断续的虚线画实物，只能得其近似。

所谓文学，就是以言达意的一种美术。在文学作品中，语言之先的意象，和情绪意旨所附丽的语言，都要尽美尽善，才能引起美感。

尽美尽善的条件很多。但是第一要不违背美术的基本原理，要“和自然逼真”（true to nature）：这句话讲得通俗一点，就是说美术作品不能说谎。不说谎包含有两种意义：一、我们所说的话，就恰似我们所想说的话。二、我们所想说的话，我们都吐肚子说出来了，毫无余蕴。

意既不可以完全达之以言，“和自然逼真”一个条件在文学上不是做不到么？或者我们问得再直截一点，假使语言文字能够完全传达情意，假使笔之于书的和存之于心的铢两悉称，丝毫不爽，这是不是文学上所应希求的一件事？

这个问题是了解文学及其他美术所必须回答的。现在我们姑且答道：文字语言固然不能全部传达情绪意旨，假使能够，也并非文学所应希求的。一切美术作品也都是这样，尽量表现，非惟不能，而也不必。

先从事实下手研究。譬如有一个荒村或任何物体，摄影家把它照一幅相，美术家把它画一幅画。这种相片和图画可以从两个观点去比较：第一，相片或图画，哪一个较“和自然逼真”？不消说得，在同一视阈以内的东西，相片都可以包罗尽致，并且体积比例和实物都两两相称，不会有丝毫错误。图画就不然；美术家对一种境遇，未表现之先，先加一番选择。选择定的材料还须经过一番理想化，把美术家的人格参加进去，然后表现出来。所表现的只是实物一部分，就连这一部分也不必和实物完全一致。所以图画决不能如相片一样“和自然逼真”。第二，我们再问，相片和图画所引起的美感哪一个浓厚，所发生的印象哪一个深刻，这也不消说，稍有美术口味的人都觉得图画比相片美得多。

文学作品也是同样。譬如《论语》，“子在川上曰：‘逝者如斯夫，不舍昼夜！’”几句话决没完全描写出孔子说这番话时候的心境，而“如斯夫”三字更笼统，没有把当时的流水形容尽致。如果说详细一点，孔子也许这样说：“河水滚滚地流去，日夜都是这样，没有一刻停止。世界上一切事物不都像这流水时常变化不尽么？过去的事物不就永远过去决不回头么？我看见这流水心中好不惨伤呀！”但是纵使这样说去，还没有尽意。而比较起来，“逝者如斯夫，不舍昼夜！”九个字比这段长而臭的演义就值得玩味多了！在上等文学作品中——尤其在诗词中，这种言不尽意的例子处处都可以看见。譬如陶渊明的《时运》，“有风自南，翼彼新苗；”《读〈山海经〉》，“微雨从东来，好风与之俱”；本来没有表现出诗人的情绪，然而玩味起来，自觉有一种闲情逸致，令人心旷神怡。钱起的《省试湘灵鼓瑟》末二句，“曲终人不见，江上数峰青”，也没有说出诗人的心绪，然而一种凄凉惜别的神情自然流露于言语之外。此外像陈子昂的《幽州台怀古》，“前不见古人，后不见来者，念天地之悠悠，独怆然而泪下！”李白的《怨情》，“美人卷珠帘，深坐颦蛾眉。但见泪痕湿，不知心恨谁。”虽然说明了诗人的情感，而所说出来的多么简单，所含蓄的多么深远？再就写景说，无论何种境遇，要描写得唯妙唯肖，都要费许多笔墨。但是大手笔只选择两三件事轻描淡写一下，完全境遇便呈露眼前，栩栩如生。譬如陶渊明的《归园田居》，“方宅十余亩，草屋八九间。榆柳荫后檐，桃李罗堂前。暧暧远人村，依依墟里烟。狗吠深巷中，鸡鸣桑树巅。”四十字把乡村风景描写多么真切！再如杜工部的《后出塞》，“落日照大地，马鸣风萧萧。平沙列万幕，部伍各见招。中天悬明月，令严夜寂寥。悲笳数声动，壮士惨不骄。”寥寥几句话，把月夜沙场状况写得多么有声有色，然而仔细观察起来，乡村景物还有多少为陶渊明所未提及，战地情况还有多少为杜工部所未提及。从此可知文学上我们并不以尽量表现为难能可贵。

在音乐里面，我们也有这种感想，凡是唱歌奏乐，音调由洪壮急促而变到低微以至于无声的时候，我们精神上就有一种沉默肃穆和平愉快的景象。白香山在《琵琶行》里形容琵琶声音暂时停顿的情况说，“水泉冷涩弦凝绝，凝绝不通声暂歇。别有幽愁暗恨生，此时无声胜有声。”这就是形容音乐上无言之美的滋味。著名英国诗人济慈

（Keats）在《希腊花瓶歌》也说，“听得见的声调固然幽美，听不见的声调尤其幽美”（Heard melodies are sweet；but those unheard are sweeter），也是说同样道理。大概喜欢音乐的人都尝过此中滋味。

就戏剧说，无言之美更容易看出。许多作品往往在热闹场中动作快到极重要的一点时，忽然万籁俱寂，现出一种沉默神秘的景象。梅特林克（Maeterlinck）的作品就是好例。譬如《青鸟》的布景，择夜阑人静的时候，使重要角色睡得很长久，就是利用无言之美的道理。梅氏并且说：“口开则灵魂之门闭，口闭则灵魂之门开。”赞无言之美的话不能比此更透辟了。莎士比亚的名著《哈姆雷特》一剧开幕便描写更夫守夜的状况，德林瓦特（Drinkwater）在其《林肯》中描写林肯在南北战争军事倥偬的时候跪着默祷，王尔德（O. Wilde）的《温德梅尔夫人的扇子》里面描写温德梅尔夫人私奔在她的情人寓所等候的状况，都在兴酣局紧，心悬悬渴望结局时，放出沉默神秘的色彩，都足以证明无言之美的。近代又有一种哑剧和静的布景，或只有动作而无言语，或连动作也没有，就将靠无言之美引人入胜了。

雕刻塑像本来是无言的，也可以拿来说明无言之美。所谓无言，不一定指不说话，是注重在含蓄不露。雕刻以静体传神，有些是流露的，有些是含蓄的。这种分别在眼睛上尤其容易看见。中国有一句谚语说，“金刚怒目，不如菩萨低眉”，所谓怒目，便是流露；所谓低眉，便是含蓄。凡看低头闭目的神像，所生的印象往往特别深刻。最有趣的就是西洋爱神的雕刻，她们男女都是瞎了眼睛。这固然根据希腊的神话，然而实在含有美术的道理，因为爱情通常都在眉目间流露，而流露爱情的眉目是最难比拟的。所以索性雕成盲目，可以耐人寻思。当初雕刻家原不必有意为此，但这些也许是人类不用意识而自然碰的巧。

要说明雕刻上流露和含蓄的分别，希腊著名雕刻《拉奥孔》

（Laocoon）是最好的例子。相传拉奥孔犯了大罪，天神用了一种极残酷的刑法来惩罚他，遣了一条恶蛇把他和他的两个儿子在一块绞死了。在这种极刑之下，未死之前当然有一种悲伤惨戚目不忍睹的一顷刻，而希腊雕刻家并不擒住这一顷刻来表现，他只把将达苦痛极点前一顷刻的神情雕刻出来，所以他所表现的悲哀是含蓄不露的。倘若是流露的，一定带了挣扎呼号的样子。这个雕刻，一眼看去，只觉得他们父子三人都有一种难言之痛；仔细看去，便可发见条条筋肉根根毛孔都暗示一种极苦痛的神情。德国莱辛（Lessing）的名著《拉奥孔》就根据这个雕刻，讨论美术上含蓄的道理。

以上是从各种艺术中信手拈来的几个实例。把这些个别的实例归纳在一起，我们可以得一个公例，就是：拿美术来表现思想和情感，与其尽量流露，不如稍有含蓄；与其吐肚子把一切都说出来，不如留一大部分让欣赏者自己去领会。因为在欣赏者的头脑里所生的印象和美感，有含蓄比较尽量流露的还要更加深刻。换句话说，说出来的越少，留着不说的越多，所引起的美感就越大越深越真切。

这个公例不过是许多事实的总结束。现在我们要进一步求出解释这个公例的理由。我们要问何以说得越少，引起的美感反而越深刻？何以无言之美有如许势力？

想答复这个问题，先要明白美术的使命。人类何以有美术的要求？这个问题本非一言可尽。现在我们姑且说，美术是帮助我们超现实而求安慰于理想境界的。人类的意志可向两方面发展：一是现实界，一是理想界。不过现实界有时受我们的意志支配，有时不受我们的意志支配。譬如我们想造一所房屋，这是一种意志。要达到这个意志，必费许多力气去征服现实，要开荒辟地，要造砖瓦，要架梁柱，要赚钱去请泥水匠。这些事都是人力可以办到的，都是可以用意志支配的。但是现实界凡物皆向地心下坠一条定律，就不可以用意志征服。所以意志在现实界活动，处处遇障碍，处处受限制，不能圆满地达到目的，实际上我们的意志十之八九都要受现实限制，不能自由发展。譬如谁不想有美满的家庭？谁不想住在极乐园？然而在现实界决没有所谓极乐美满的东西存在。因此我们的意志就不能不和现实发生冲突。

一般人遇到意志和现实发生冲突的时候，大半让现实征服了意志，走到悲观烦闷的路上去，以为件件事都不如人意，人生还有什么意味？所以堕落，自杀，逃空门种种的消极的解决法就乘虚而入了，不过这种消极的人生观不是解决意志和现实冲突最好的方法。因为我们人类生来不是懦弱者，而这种消极的人生观甘心让现实把意志征服了，是一种极懦弱的表示。

然则此外还有较好的解决法么？有的，就是我所谓超现实。我们处世有两种态度，人力所能做到的时候，我们竭力征服现实。人力无可奈何的时候，我们就要暂时超脱现实，储蓄精力待将来再向他方面征服现实。超脱到哪里去呢？超脱到理想界去。现实界处处有障碍有限制，理想界是天空任鸟飞，极空阔极自由的。现实界不可以造空中楼阁，理想界是可以造空中楼阁的。现实界没有尽美尽善，理想界是有尽美尽善的。

姑取实例来说明。我们走到小城市里去，看见街道狭窄污浊，处处都是阴沟厕所，当然感觉不快，而意志立时就要表示态度。如果意志要征服这种现实哩，我们就要把这种街道房屋一律拆毁，另造宽大的马路和清洁的房屋。但是谈何容易？物质上发生种种障碍，这一层就不一定可以做到。意志在此时如何对付呢？他说：我要超脱现实，去在理想界造成理想的街道房屋来，把它表现在图画上，表现在雕刻上，表现在诗文上。于是结果有所谓美术作品。美术家成了一件作品，自己觉得有创造的大力，当然快乐已极。旁人看见这种作品，觉得它真美丽，于是也愉快起来了，这就是所谓美感。

因此美术家的生活就是超现实的生活；美术作品就是帮助我们超脱现实到理想界去求安慰的。换句话说，我们有美术的要求，就因为现实界待遇我们太刻薄，不肯让我们的意志推行无碍，于是我们的意志就跑到理想界去求慰情的路径。美术作品之所以美，就美在它能够给我们很好的理想境界。所以我们可以说，美术作品的价值高低就看它超现实的程度大小，就看它所创造的理想世界是阔大还是狭窄。

但是美术又不是完全可以和现实界绝缘的。它所用的工具——例如雕刻用的石头，图画用的颜色，诗文用的语言都是在现实界取来的。它所用的材料——例如人物情状悲欢离合也是现实界的产物。所以美术可以说是以毒攻毒，利用现实的帮助以超脱现实的苦恼。上面我们说过，美术作品的价值高低要看它超脱现实的程度如何。这句话应稍加改正，我们应该说，美术作品的价值高低，就看它能否借极少量的现实界的帮助，创造极大量的理想世界出来。

在实际上说，美术作品借现实界的帮助愈少，所创造的理想世界也因而愈大。再拿相片和图画来说明。何以相片所引起的美感不如图画呢？因为相片上一形一影，件件都是真实的，而且应有尽有，发泄无遗。我们看相片，种种形影好像钉子把我们的想象力都钉死了。看到相片，好像看到二五，就只能想到一十，不能想到其他数目。换句话说，相片把事物看得忒真，没有给我们以想象余地。所以相片，只能抄写现实界，不能创造理想界。图画就不然。图画家用美术眼光，加一番选择的功夫，在一个完全境遇中选择了一小部事物，把它们又经过一番理想化，然后才表现出来。惟其留着一大部分不表现，欣赏者的想象力才有用武之地。想象作用的结果就是一个理想世界。所以图画所表现的现实世界虽极小而创造的理想世界则极大。孔子谈教育说，“举一隅不以三隅反，则不复也。”相片是把四隅通举出来了，不要你劳力去“复”。图画就只举一隅，叫欣赏者加一番想象，然后“以三隅反”。

流行语中有一句说：“言有尽而意无穷”。无穷之意达之以有尽之言，所以有许多意，尽在不言中。文学之所以美，不仅在有尽之言，而尤在无穷之意。推广地说，美术作品之所以美，不是只美在已表现的一部分，尤其是美在未表现而含蓄无穷的一大部分，这就是本文所谓无言之美。

因此美术要和自然逼真一个信条应该这样解释：和自然逼真是要窥出自然的精髓所在，而表现出来；不是说要把自然当作一篇印版文字，很机械地抄写下来。

这里有一个问题会发生。假使我们欣赏美术作品，要注重在未表现而含蓄着的一部分，要超“言”而求“言外意”，各个人有各个人的见解，所得的言外意不是难免殊异么？当然，美术作品之所以美，就美在有弹性，能拉得长，能缩得短。有弹性所以不呆板。同一美术作品，你去玩味有你的趣味，我去玩味有我的趣味。譬如莎氏乐府所以在艺术上占极高位置，就因为各种阶级的人在不同的环境中都喜欢读他。有弹性所以不陈腐。同一美术作品，今天玩味有今天的趣味，明天玩味有明天的趣味。凡是经不得时代淘汰的作品都不是上乘。上乘文学作品，百读都令人不厌的。

就文学说，诗词比散文的弹性大；换句话说，诗词比散文所含的无言之美更丰富。散文是尽量流露的，愈发挥尽致，愈见其妙。诗词是要含蓄暗示，若即若离，才能引人入胜。现在一般研究文学的人都偏重散文——尤其是小说。对于诗词很疏忽。这件事实可以证明一般人文学欣赏力很薄弱。现在如果要提高文学，必先提高文学欣赏力，要提高文学欣赏力，必先在诗词方面特下功夫，把鉴赏无言之美的能力养得很敏捷。因此我很望文学创作者在诗词方面多努力，而学校国文课程中诗歌应该占一个重要的位置。

本文论无言之美，只就美术一方面着眼。其实这个道理在伦理哲学教育宗教及实际生活各方面，都不难发现。老子《道德经》开卷便说："道可道，非常道；名可名，非常名。"这就是说伦理哲学中有无言之美。儒家谈教育，大半主张潜移默化，所以拿时雨春风做比喻。佛教及其他宗教之能深入人心，也是借沉默神秘的势力。幼稚园创造者蒙台梭利利用无言之美的办法尤其有趣。在她的幼稚园里，教师每天趁儿童顽得很热闹的时候，猛然地在粉板上写一个"静"字，或奏一声琴。全体儿童于是都跑到自己的座位去，闭着眼睛蒙着头伏案假睡的姿势，但是他们不可睡着。几分钟后，教师又用很轻微的声音，从颇远的地方呼唤各个儿童的名字。听见名字的就要立刻醒起来。这就是使儿童可以在沉默中领略无言之美。

就实际生活方面说，世间最深切的莫如男女爱情。爱情摆在肚子里面比摆在口头上来得恳切。"齐心同所愿，含意俱未伸"和"更无言语空相觑"，比较"细语温存""怜我怜卿"的滋味还要更加甜蜜。英国诗人布莱克（Blake）有一首诗叫作《爱情之秘》（*Love's Secret*）里面说：

（一）切莫告诉你的爱情，
爱情是永远不可以告诉的，
因为她像微风一样，
不做声不做气的吹着。

（二）我曾经把我的爱情告诉而又告诉，
我把一切都披肝沥胆地告诉爱人了，
打着寒颤，耸头发地告诉，

然而她终于离我去了！

（三）她离我去了，

不多时一个过客来了。

不做声不做气地，只微叹一声，

便把她带去了。

这首短诗描写爱情上无言之美的势力，可谓透辟已极了。本来爱情完全是一种心灵的感应，其深刻处是老子所谓不可道不可名的。所以许多诗人以为“爱情”两个字本身就太滥太寻常太乏味，不能拿来写照男女间神圣深挚的情绪。

其实何只爱情？世间有许多奥妙，人心有许多灵悟，都非言语可以传达，一经言语道破，反如甘蔗渣滓，索然无味。这个道理还可以推到宇宙人生诸问题方面去。我们所居的世界是最完美的，就因为它是最不完美的。这话表面看去，不通已极。但是实在含有至理。假如世界是完美的，人类所过的生活——比好一点，是神仙的生活，比坏一点，就是猪的生活——便呆板单调已极，因为倘若件件都尽美尽善了，自然没有希望发生，更没有努力奋斗的必要。人生最可乐的就是活动所生的感觉，就是奋斗成功而得的快慰。世界既完美，我们如何能尝创造成功的快慰？这个世界之所以美满，就在有缺陷，就在有希望的机会，有想象的田地。换句话说，世界有缺陷，可能性（potentiality）才大。这种可能而未能的状况就是无言之美。世间有许多奥妙，要留着不说出；世间有许多理想，也应该留着不实现。因为实现以后，跟着“我知道了！”的快慰便是“原来不过如是！”的失望。

天上的云霞有多么美丽！风涛虫鸟的声息有多么和谐！用颜色来摹绘，用金石丝竹来比拟，任何美术家也是作践天籁，糟蹋自然！无言之美何限？让我这种拙手来写照，已是糟粕枯骸！这种罪过我要完全承认的。倘若有人骂我胡言乱道，我也只好引陶渊明的诗回答他说：“此中有真味，欲辨已忘言！”

Ⅳ

·

09

谈交友

有真正的好朋友是人生一件乐事

人生的快乐有一大半要建筑在人与人的关系上面。只要人与人的关系调处得好，生活没有不快乐的。

许多人感觉生活苦恼，原因大半在没有把人与人的关系调处适宜。这人与人的关系在我国向称为“人伦”。在人伦中先儒指出五个最重要的，就是君臣、父子、夫妇、兄弟、朋友。

这五伦之中，父子、夫妇，兄弟起于家庭，君臣和朋友起于国家社会。先儒谈伦理修养，大半在五伦上做功夫，以为五伦上面如果无亏缺，个人修养固然到了极境，家庭和国家社会也就自然稳固了。

五伦之中，朋友一伦的地位很特别，它不像其他四伦都有法律的基础，它起于自由的结合，没有法律的力量维系它或是限定它，它唯一的基础是友爱与信义。但是它的重要性并不因此减少。

如果我们把人与人中间的好感称为友谊，则无论是君臣、父子、夫妇或是兄弟之中，都绝对不能没有友谊。就字源说，在中西文里“友”

字都含有“爱”的意义。

无爱不成友，无爱也不成君臣、父子、夫妇或兄弟。换句话说，无论哪一伦，都非有朋友的要素不可，朋友是一切人伦的基础。懂得处友，就懂得处人；懂得处人，就懂得做人。一个人在处友方面如果有亏缺，他的生活不但不能是快乐的，而且也决不能是善的。

谁都知道，有真正的好朋友是人生一件乐事。

人是社会的动物，生来就有同情心。生来也就需要同情心，读一篇好诗文，看一片好风景，没有一个人在身旁可以告诉他说：“这真好呀！”心里就觉得美中有不足。遇到一件大喜事，没有人和你同喜，你的喜欢就要减少七八分；遇到一件大灾难，没有人和你同悲，你的悲痛就增加七八分。

孤零零的一个人不能唱歌，不能说笑话，不能打球，不能跳舞，不能闹架拌嘴，总之，什么开心的事也不能做。

世界最酷毒的刑罚要算幽禁和充军，逼得你和你所常接近的人们分开，让你尝无亲无友那种孤寂的风味。人必须接近人，你如果不信，请你闭关独居十天半个月，再走到十字街头在人群中挤一挤，你心里会感到说不出来的快慰。仿佛过了一次大瘾，虽然街上那些行人在平时没有一个让你瞧得上眼。

人是一种怪物，自己是一个人，却要显得瞧不起人，要孤高自赏，要闭门谢客，要把心里所想的看成神妙不可言说，“不可与俗人道”，其实隐意识里面惟恐人不注意自己，不知道自己，不赞赏自己。

世间最喜欢守秘密的人，往往也是最不能守秘密的人。他们对你说：“我告诉你，你却不要告诉人。”他不能不告诉你，却忘记你也不能不告诉人。这所谓“不能”实在出于天性中一种极大的压迫力。人需要朋友，如同人需要泄露秘密，都由于天性中一种压迫力在驱遣。它是一种精神上的饥渴，不满足就可以威胁到生命的健全。

谁也都知道，朋友对于性格形成的影响非常重大。一个人的好坏，朋友熏染的力量要居大半。既看重一个人把他当作真心朋友，他就变成一种受崇拜的英雄，他的一言一笑，一举一动都在有意无意之间变成自己的模范，他的性格就逐渐有几分变成自己的性格。同时，他也变成自己的裁判者，自己的一言一笑，一举一动，都要顾到他的赞许或非难。一个人可以蔑视一切人的毁誉，却不能不求见谅于知己。

每个人身旁有一个“圈子”，这圈子就是他所尝亲近的人围成的，他跳来跳去，尝跳不出这圈子。在某一种圈子就成为某一种人。圣贤有道，盗亦有道。隔着圈子相视，尧可非桀，桀亦可非尧。究竟谁是谁非，责任往往不在个人而在他所在的圈子。

古人说：“与善人交，如入芝兰之室，久而不闻其香；与恶人交，如入鲍鱼之市，久而不闻其臭。”久闻之后，香可以变成寻常，臭也可以变成寻常，而习安之，就不觉其为香为臭。一个人应该谨慎择友，择他所在的圈子，道理就在此。人是善于模仿的，模仿品的好坏，全看模型的好坏，有如素丝，染于青则青，染于黄则黄。

“告诉我谁是你的朋友，我就知道你是怎样的一种人。”这句西谚确实是经验之谈。《学记》论教育，一则曰：“七年视论学取友。”再则曰：“相观而善之谓摩。”从孔孟以来，中国士林向奉尊师敬友为立身治学的要道。这都是深有见于朋友的影响重大。师弟向不列于五伦，实包括于朋友一伦里面，师与友是不能分开的。

许叔重《说文解字》谓“同志为友”。就大体说，交友的原则是“同声相应，同气相求”。但是绝对相同在理论与事实都是不可能。

“人心不同，各如其面。”这不同亦正有它的作用。朋友的乐趣在相同中容易见出；朋友的益处却往往在相异处才能得到。

古人尝拿“如切如磋，如琢如磨”来譬喻朋友的交互影响。这譬喻实在是很恰当。玉石有瑕疵棱角，用一种器具来切磋琢磨它，它才能圆融光润，才能“成器”。人的性格也难免有瑕疵棱角，如私心、成见、骄矜、暴躁、愚昧、顽恶之类，要多受切磋琢磨，才能洗刷净尽，达到玉润珠圆的境界。

朋友便是切磋琢磨的利器，与自己愈不同，摩擦愈多，切磋琢磨的影响也就愈大。这影响在学问思想方面最容易见出。一个人多和异己的朋友讨论，会逐渐发现自己的学说不圆满处，对方的学说有可取处，逼得不得不作进一层的思考，这样地对于学问才能逐渐鞭辟入里。在朋友互相切磋中，一方面被“磨”，一方面也在受滋养。一个人被“磨”的方面愈多，吸收外来的滋养也就愈丰富。孔子论益友，所以特重直谅多闻。一个不能有诤友的人永远是愚而好自用，在道德学问上都不会有很大的成就。

好朋友在我国语文里向来叫作“知心”或“知己”。“知交”也是一个习用的名词。这个语言的习惯颇含有深长的意味。从心理观点看，求见知于人是一种社会本能，有这本能，人与人才可免除隔阂，打成一片，社会才能成立。它是社会生命所借以维持的，犹如食色本能是个人与种族生命所借以维持的，所以它与食色本能同样强烈。

古人尝以一死报知己，钟子期死后，伯牙不复鼓琴。这种行为在一般人看近似于过激，其实是由于极强烈的社会本能在驱遣。其次，从伦理哲学观点看，知人是处人的基础，而知人却极不易，因为深刻的了解必基于深刻的同情。深刻的同情只在真挚的朋友中才常发现，对于一个人有深交，你才能真正知道他。了解与同情是互为因果的，你对于一个人愈同情，就愈能了解他；你愈了解他，也就愈同情他。法国人有一句成语说：“了解一切，就是宽容一切。”（tout comprendre，c'est tout pardonner）。这句话说来像很容易，却是人生的最高智慧，需要极伟大的胸襟才能做到。古今有这种胸襟的只有几个大宗教家，像释迦牟尼和耶稣，有这种胸襟才能谈到大慈大悲；没有它，任何宗教都没有灵魂。

修养这种胸襟的捷径是多与人做真正的好朋友，多与人推心置腹，从对于一部分人得到深刻的了解，做到对于一般人类起深厚的同情。从这方面看，交友的范围宜稍广泛，各种人都有最好，不必限于自己同行同趣味的。蒙田在他的论文里提出一个很奇怪主张，以为一个人只能有一个真正的朋友，我对这主张很怀疑。

交友是一件寻常事，人人都有朋友，交友却也不是一件易事，很少人有真正的朋友。势利之交固容易破裂，就是道义之交也有时不免闹意气之争。王安石与司马光、苏轼、程颢诸人在政治和学术上的倾轧便是好例。他们个个都是好人，彼此互有相当的友谊，而结果闹成和世俗人一般的翻云覆雨。交道之难，从此可见。从前人谈交道的话说得很多。例如“朋友有信”，“久而敬之”，“君子之交淡如水”，视朋友须如自己，要急难相助，须知护友之短，像孔子不假盖于悭吝朋友；要劝善规过，但“不可则止，无自辱焉”。这些话都是说起来颇容易，做起来颇难。许多人都懂得这些道理，但是很少人真正会和人做朋友。

孔子尝劝人“无友不如己者”，这话使我很徨徨不安。你不如我，我不和你做朋友，要我和你做朋友，就要你胜似我，这样我才能得益。但是这算盘我会打你也就会打，如果你也这么说，你我之间不就没有做朋友的可能吗？

柏拉图写过一篇谈友谊的对话，另有一番奇妙议论。依他看，善人无须有朋友，恶人不能有朋友，善恶混杂的人才或许需要善人为友来消除他的恶，恶去了，友的需要也就随之消灭。这话显然与孔子的话有些抵牾。谁是谁非，我至今不能断定，但是我因此想到朋友之中，人我的比较是一个重要问题，而这问题又和善恶问题密切相关。

我从前研究美学上的欣赏与创造问题，得到一个和常识不相通的结论，就是：欣赏与创造根本难分，每人所欣赏的世界就是每人所创造的世界，就是他自己的情趣和性格的返照；你在世界中能“取”多少，就看你在你的性灵中能提出多少“与”它，物与我之中有一种生命的交流，深入所见于物者深，浅人所见于物者浅。现在，我思索这比较实际的交友问题，觉得它与欣赏艺术自然的道理颇可暗合默契，你自己是什么样的人，就会得到什么样的朋友。人类心灵尝交感回流，你拿一分真心待人，人也就拿一分真心待你，你所“取”如何，就看你所“与”如何。

“爱人者人恒爱之，敬人者人恒敬之。”人不爱你敬你，就显得你自己有损缺。你不必责人，先须返求诸己。不但在情感方面如此，在性格方面也都是如此。友必同心，所谓“心”是指性灵同在一个水准上，如果你我在性灵上有高低，我高就须感化你，把你提高到同样水准；你高也是如此，否则友谊就难成立。朋友往往是测量自己的一种最精确的尺度。

你自己如果不是一个好朋友，就绝不能希望得到一个好朋友。要是好朋友，自己须先是一个好人。我很相信柏拉图的“恶人不能有朋友”的那一句话。恶人可以做好朋友时，他在他方面尽管是坏，在能为好朋友一点上，就可证明他还有人性，还不是一个绝对的恶人。

说来说去，“同声相应，同气相求”那句老话还是对的，何以交友的道理在此，如何交友的方法也在此。交友和一般行为一样，我们应该常牢记在心的是“责己宜严，责人宜宽”。

图书在版编目（CIP）数据

有趣的灵魂都有静气 / 朱光潜著. — 北京 : 北京联合出版公司, 2019.12
ISBN 978-7-5596-3773-4

Ⅰ. ①有… Ⅱ. ①朱… Ⅲ. ①美学 - 通俗读物 Ⅳ. ①B83-49

中国版本图书馆CIP数据核字(2019)第243687号

有趣的灵魂都有静气

作　　者：朱光潜
责任编辑：昝亚会　夏应鹏
封面设计：棱角视觉

北京联合出版公司出版
（北京市西城区德外大街 83 号楼 9 层　100088）
北京时代华语国际传媒股份有限公司发行
北京盛通印刷股份有限公司印刷　新华书店经销
字数200千字　710毫米×960毫米　1/16　20印张
2019年12月第1版　2019年12月第1次印刷
ISBN 978-7-5596-3773-4
定价：69.80元